VASANTHAN E
KUMAR K

FISIOLOGIA NUTRICIONAL E ECOLOGIA DAS ABELHAS MELÍFERAS

VASANTHAN E
KUMAR K

FISIOLOGIA NUTRICIONAL E ECOLOGIA DAS ABELHAS MELÍFERAS

ScienciaScripts

Cover image: www.ingimage.com

This book is a translation from the original published under ISBN 978-620-7-80833-5.

Publisher:
Sciencia Scripts
is a trademark of
Dodo Books Indian Ocean Ltd. and OmniScriptum S.R.L publishing group

120 High Road, East Finchley, London, N2 9ED, United Kingdom
Str. Armeneasca 28/1, office 1, Chisinau MD-2012, Republic of Moldova, Europe
Printed at: see last page
ISBN: 978-620-7-84875-1

RESUMO

As abelhas melíferas são conhecidas pelas suas estruturas sociais complexas. Estão sempre à procura de pólen e néctar floral, acumulando cuidadosamente estes recursos valiosos para poderem produzir mel e pão de abelha para as suas colónias. Existe uma complexa divisão de trabalho na colmeia, uma vez que as abelhas operárias processam cuidadosamente o pólen e o néctar que recolhem para produzir geleia real, que é um alimento essencial. Este material denso e nutritivo, reforçado por secreções glandulares, fornece alimento às larvas em desenvolvimento da colónia e à rainha e é liberalmente partilhado com outros membros da comunidade de abelhas.

Os estudos destacam a incrível capacidade das abelhas para controlar a quantidade de alimentos que ingerem, tal como os seus equivalentes mamíferos. As forrageadoras desempenham um papel importante nesta coordenação nutricional, ajustando as proporções de macronutrientes tanto individual como coletivamente ao nível da colónia. A base da produtividade e da durabilidade da colónia é este controlo alimentar cuidadoso, que garante a sobrevivência e o crescimento da colónia face à dinâmica em constante mudança do ecossistema da colmeia.

CONTEÚDO

FISIOLOGIA NUTRICIONAL E ECOLOGIA DAS ABELHAS MELÍFERAS

1. INTRODUÇÃO

As abelhas são muito importantes para a agricultura mundial porque são polinizadoras, mas nos últimos trinta anos, as doenças, a exposição a pesticidas, as infestações de parasitas e a falta de alimentos têm ameaçado as populações de abelhas. Pensa-se que uma das principais razões para o atual declínio da população de abelhas é o stress nutricional causado pela alteração e perda de habitat. De Groot (1953) forneceu os conhecimentos básicos sobre os requisitos de aminoácidos necessários para o crescimento e desenvolvimento das abelhas melíferas, e Haydak (1970) alargou esses conhecimentos com a sua análise exaustiva dos requisitos alimentares gerais das abelhas melíferas. Com esta informação, podem ser criadas dietas especializadas destinadas a promover a expansão das colónias. À medida que as monoculturas agrícolas intensivas proliferam nas paisagens contemporâneas e a polinização das abelhas melíferas ocorre frequentemente em ecossistemas criados pelos humanos, torna-se cada vez mais urgente determinar se as necessidades nutricionais das abelhas são satisfeitas nestes ambientes. Naug (2009) enfatiza este ponto crítico, sugerindo que é necessária mais investigação para identificar se e como as abelhas devem receber alimentos adicionais em caso de deficiências nutricionais. Três camadas inter-relacionadas compreendem a complexidade da nutrição das abelhas melíferas: nutrição para a colónia, nutrição para os adultos e nutrição para as larvas. De acordo com Seeley (1989), os insectos sociais conhecidos como abelhas melíferas são por vezes considerados como superorganismos, nos quais a dinâmica nutricional da colónia influencia tanto o comportamento individual como os resultados do crescimento. Um fornecimento insuficiente de pólen pode perturbar o delicado equilíbrio nutricional de uma colónia, dificultando a alimentação e o crescimento das larvas. Como resultado, pode haver menos adultos emergentes em geral, o que agravaria o ciclo de nutrição inadequada e afectaria as gerações futuras (Fig. 1). A trofalaxia, a transferência social de alimentos entre os membros da colónia, permite que todas as abelhas determinem o estado nutricional geral da colónia, reforçando a interdependência dos níveis nutricionais dentro da colmeia (Crailsheim, 1991, 1998). Enquanto adultas e larvas, as abelhas dependem significativamente das fontes de alimentação dentro das suas colónias. A presença de hidratos de carbono e de proteínas afecta o seu comportamento, que inclui a procura de alimento e a prestação de cuidados a outras abelhas (Schmickl e Crailsheim, 2004). As proteínas e os aminoácidos são particularmente importantes para a saúde das abelhas, uma vez que são necessários para muitas actividades fisiológicas. Os aminoácidos livres estão presentes no néctar, mas as abelhas não podem utilizá-los em quantidade suficiente para satisfazer as suas necessidades nutricionais (Baker, 1977). Em vez disso, o pólen é a principal fonte de proteínas e é consumido em grandes quantidades por uma única colónia todos os anos (Crailsheim et al., 1992; Keller et al., 2005). As operárias têm um comportamento intenso de procura de inflorescências masculinas para recolher pólen, cujo valor nutricional varia consoante as espécies de plantas (Standifer, 1967; Haydak, 1970; Crailsheim, 1990). De acordo com Schmidt et al. (1987), Pernal e Currie (2001), Somerville e Nicol (2006), a colza (Brassica napus), entre outras plantas, produz pólen de alta qualidade, rico em nutrientes essenciais. Um conjunto de espécies de trevo (Trifolium spp.) são também exemplos destas plantas. Mas o pólen de plantas como o girassol (Helianthus annuus) e os mirtilos (Vaccinium spp.) pode ser menos rico em nutrientes (Schmidt et al., 1987). As abelhas podem encontrar poucos benefícios nutricionais no pólen de plantas esteticamente agradáveis como o dente-de-leão (Taraxacum spp.) (Maurizio, 1950; Schmidt et al., 1987). É interessante notar que as plantas polinizadas pelo vento, como as espécies de Populus, podem produzir pólen mais adaptado para satisfazer as necessidades nutricionais das abelhas do que as plantas polinizadas maioritariamente por animais (Schmidt et al., 1987). Além disso, as abelhas utilizam técnicas de forrageamento adaptativas para encontrar pólen de plantas anemófilas polinizadas pelo vento quando o pólen de plantas zoófilas é escasso (Severson e Parry, 1981; Baum et al., 2004). Esta flexibilidade comportamental chama a atenção para o delicado equilíbrio que existe entre as abelhas e as flores que comem, um equilíbrio que é afetado por forças da evolução e da dinâmica ecológica. O impacto dos pesticidas na saúde das abelhas melíferas não pode ser ignorado, para além dos factores alimentares. Os neonicotinóides têm causado muita ansiedade, especialmente devido aos possíveis danos que causam às populações de abelhas. Estes pesticidas sistémicos são amplamente utilizados na agricultura e, uma vez que podem persistir nos tecidos vegetais e no pólen, as abelhas forrageiras podem ser expostas a níveis baixos dos mesmos. Os minerais e fitoquímicos do pólen são componentes essenciais da dieta das abelhas melíferas. O pólen é rico em minerais, vitaminas e metabolitos secundários, para além de macronutrientes, incluindo proteínas e hidratos de carbono, que podem melhorar a saúde das abelhas (Roulston e Cane, 2000; Nicolson, 2011). Estas substâncias bioactivas podem dar às abelhas maior resistência contra doenças e factores de stress ambiental, conferindo-lhes qualidades antioxidantes, antibacterianas e imunomoduladoras (Simone-Finstrom e Spivak, 2012; Nicolson e Human, 2013). Consequentemente, a preservação de um ambiente natural rico numa variedade de espécies vegetais e o aumento da diversidade floral podem dar às abelhas acesso a uma maior variedade de micronutrientes e fitoquímicos, melhorando assim a sua saúde e vitalidade gerais. Além disso, as abelhas melíferas têm uma variação sazonal e geográfica nas suas fontes de alimentação. Por exemplo, as colónias de abelhas melíferas têm problemas de alimentação específicos nos climas temperados devido às flutuações sazonais. A disponibilidade de pólen é crucial para suprir as necessidades mais elevadas de proteínas que as colónias experimentam na primavera, quando aumentam a produção de criação e a atividade de forrageamento. No entanto, quando as oportunidades de forrageamento são limitadas durante o inverno, as colónias dependem das suas reservas de mel e pólen para sobreviver (Johnson, 2010).

Os gestores de terras e os apicultores têm de conhecer bem estas variações sazonais para poderem aplicar tratamentos personalizados que satisfaçam as necessidades alimentares das abelhas, em constante mudança ao longo do ano. Além disso, as diferentes linhagens genéticas e subespécies de abelhas melíferas podem ter necessidades alimentares variadas. Populações específicas de abelhas podem ter diferentes escolhas alimentares e tácticas de forrageamento, dependendo das adaptações ambientais. Consequentemente, os esforços para manter e desenvolver populações de abelhas que se adaptem ao seu ambiente específico podem reforçar a resistência das abelhas às pressões alimentares e aumentar a resiliência global dos ecossistemas. Em resumo, a obtenção de uma nutrição óptima para as abelhas melíferas exige uma estratégia abrangente que tenha em conta a combinação de aspectos ecológicos, agrícolas e fisiológicos. Através da integração do conhecimento científico e de estratégias de gestão baseadas em provas, as partes interessadas podem colaborar para estabelecer paisagens que sustentem populações de abelhas saudáveis e serviços de polinização a longo prazo. Para além de mitigar as ameaças químicas e compreender a dinâmica sazonal da alimentação, existem tácticas para aumentar a diversidade floral, reforçar o bem-estar das abelhas melíferas e fortalecer a sua resistência às contínuas modificações ambientais. Ao protegermos estes importantes polinizadores, mantemos a saúde e a produtividade dos nossos sistemas agrícolas e ecossistemas.

2. RECOLHA DE ALIMENTOS

2.1. Comportamento de forrageamento das colónias de abelhas

A forragem das abelhas inclui uma variedade de tácticas influenciadas por factores sociais, genéticos e ambientais. O comportamento das abelhas revela flexibilidade e cooperação numa variedade de contextos, desde colónias eussociais com forrageadoras especializadas até abelhas solitárias que fornecem cuidadosamente alimentos para as suas crias. A compreensão destas interacções é essencial para as iniciativas de conservação e de ecologia da polinização. As abelhas melíferas começam a sua atividade de procura de alimento de manhã cedo e terminam-na ao fim da tarde. De acordo com alguns estudos, as abelhas operárias começam as suas actividades de procura de alimento às 6:17 da manhã (Joshi e Joshi, 2010), mas a hora de início pode variar significativamente consoante a zona. Alqarni (2006) descobriu que, num ambiente desértico, mais forrageadoras partiam da colónia às 8h00 do que às 10h00. A atividade de forrageamento varia frequentemente ao longo do dia, desde o amanhecer até ao anoitecer.

De acordo com Reyes-Carrillo et al. (2007), o raio de ação das abelhas melíferas era de 45 m a 5983 m, com o máximo de recolha de pólen a ocorrer de manhã cedo e o mínimo de recolha de pólen à tarde. As abelhas que forrageiam recursos têm preferência pela recolha de determinados recursos, como água, néctar, pólen ou resina. Verificou-se que as abelhas forrageadoras de água preferem fontes de água contínuas em vez de fontes constantes, bem como grandes recipientes de água em vez de pequenos recipientes, e as abelhas forrageadoras preferem recolher água de fontes inesperadas (por exemplo, estrume de vaca) em vez de água limpa. De acordo com Joshi e Joshi (2010), as actividades de forrageamento das espécies de Apis foram menos afectadas pela humidade relativa e pela precipitação.

Verificou-se que as abelhas Apis mellifera iniciam a sua atividade de forrageamento à temperatura ambiente com uma média de 6,57 °C, mas noutro estudo este valor foi de 16 °C. Estas observações estão relacionadas com os parâmetros ambientais que influenciam a atividade de forrageamento (Joshi e Joshi, 2010). A maior atividade de forrageamento foi observada a temperaturas ambiente de cerca de 20 °C, enquanto a menor atividade foi detectada a 43 °C, bem como a 10 °C ou menos (Joshi e Joshi, 2010).

2.1.1. Abelhas solitárias que se alimentam

Muitas espécies de abelhas apresentam um comportamento solitário, em que as fêmeas procuram sozinhas o néctar e o pólen. Estas abelhas laboriosas recolhem cuidadosamente os recursos, armazenando-os em câmaras onde mais tarde põem ovos. Uma grande parte da diversidade das abelhas é caracterizada pelo seu estilo de vida solitário, que enfatiza a independência de cada fêmea na garantia da sobrevivência da sua descendência (Goulson, 2003). A alimentação solitária das abelhas é uma demonstração da eficiência e da autossuficiência da natureza. Das muitas espécies de abelhas, uma parte considerável é solitária, o que significa que cada fêmea trabalha sozinha para recolher os nutrientes necessários à sua sobrevivência e à da sua descendência. A procura de alimentos e a manutenção da colónia não dependem de esforços conjuntos, ao contrário das abelhas eussociais. Em resumo, a procura de alimentos por parte das abelhas solitárias é um exemplo da eficiência e da inventividade da natureza. Estes insectos solitários são essenciais para a ecologia da polinização e para a saúde dos ecossistemas, uma vez que trabalham sozinhos para obter nutrientes e sustentar a sua descendência. A fim de proteger estes importantes polinizadores e os ambientes em que vivem, as iniciativas de conservação devem ter em conta as complexidades da alimentação das abelhas solitárias.

2.1.2. Forrageamento cooperativo em abelhas

Os abelhões, que são primitivamente eussociais, são um exemplo de uma técnica de forragem mais cooperativa. Aqui, a rainha cria a colónia e, até ao aparecimento das suas primeiras filhas, encarrega-se de todas as tarefas de procura de alimentos para alimentar as larvas em desenvolvimento. Depois, a tarefa de forrageamento passa para as obreiras recém-emergidas e os zangões machos vão alimentar-se sozinhos do néctar das flores. O período de transição entre o comportamento solitário e eussocial observado nas colónias de abelhas reflecte-se nesta divisão do trabalho (Goulson, 2003).

Os abelhões eussociais primitivos são conhecidos pela sua procura cooperativa de alimentos, em que os membros da colónia juntam os seus recursos para assegurar a sobrevivência e a expansão da colónia jovem. Os abelhões, ao contrário das abelhas solitárias, apresentam um tipo primitivo de organização social que se define pela existência de uma rainha reprodutora e de um pequeno grupo de abelhas operárias. Na sua essência, a procura cooperativa de alimentos nas colónias de abelhas é um esforço feito por todos os membros da colónia para assegurar a sua sobrevivência e expansão. As rainhas reprodutoras, as abelhas operárias e os zangões machos partilham a carga de trabalho, o que torna mais eficiente a manutenção da colónia e a aquisição de recursos. O destaque é a importância adaptativa da organização social nas comunidades de abelhas.

2.1.3. Forrageamento especializado em colónias de abelhas melíferas

As colónias de abelhas melíferas, o exemplo máximo de organização eussocial, utilizam apenas uma classe específica de operárias estéreis para realizar actividades de procura de alimentos. Na colónia, estas operárias avançam através de várias tarefas comportamentais baseadas em sinais ambientais e predisposições genéticas. As forrageadoras recolhem uma grande variedade de materiais, como o pólen, o néctar, a melada, a água e a resina de árvore necessária para a produção de própolis. A distribuição das actividades de procura de alimentos é observada de perto para garantir a satisfação das necessidades alimentares específicas da colónia. O comportamento de forrageamento é fortemente moldado por impactos genéticos tanto da patrilinear operária como da rainha, que afectam as escolhas individuais de forrageamento e as inclinações para a recolha de pólen (Robinson, 1989; Page, 2013). As forrageadoras de abelhas melíferas podem recolher ambas as fontes de alimento ao mesmo tempo, mas muitas vezes especializam-se na recolha de pólen ou de néctar. As interacções complexas entre as condições ambientais e a genética têm um impacto significativo no comportamento alimentar das colónias de abelhas melíferas. O comportamento da colónia em relação ao pólen e a probabilidade de as forrageadoras individuais recolherem pólen ou néctar são significativamente influenciados pela composição genética das patrilinhas de operárias e rainhas.

Como resultado de uma combinação de sinais ambientais e predisposições genéticas, o forrageamento especializado nas colónias de abelhas melíferas é um processo bem afinado. As forrageadoras especializadas trabalham em conjunto para garantir a aquisição dos bens necessários ao crescimento e à sobrevivência da colónia. Compreender os meandros do comportamento de forrageamento das abelhas melíferas é crucial para entender a ecologia da polinização e garantir a preservação desses polinizadores essenciais (Robinson, 1989; Page, 2013).

2.1.4. Adaptabilidade e versatilidade na alimentação das abelhas melíferas

As técnicas de alimentação utilizadas pelas abelhas melíferas apresentam uma variedade e uma adaptabilidade excepcionais. Algumas abelhas recolhem apenas pólen, enquanto outras recolhem apenas néctar. Outras ainda recolhem as duas fontes de alimento ao mesmo tempo. Esta adaptabilidade evidencia a eficácia com que as colónias de abelhas melíferas podem utilizar os recursos à sua disposição para satisfazer as suas necessidades. A capacidade das abelhas forrageiras de modificarem a sua atividade de procura de alimento em resposta à disponibilidade variável de recursos e às condições ambientais é indicativa da sua adaptabilidade. As forrageadoras podem dar prioridade à recolha de néctar durante as épocas em que os recursos florais são abundantes, a fim de maximizar o seu consumo de energia. Por outro lado, em épocas de escassez, as forrageadoras podem trabalhar mais para recolher pólen, que é necessário para a criação de descendentes e para o crescimento da colónia.

As colónias de abelhas melíferas demonstram mecanismos de tomada de decisões em grupo que melhoram a eficácia da procura de alimentos. As forrageadoras fornecem informações sobre a localização e a qualidade dos alimentos aos seus companheiros de ninho através de processos de comunicação complexos, como a dança do abanar, o que ajuda a colónia a maximizar a exploração dos recursos. Uma das adaptações mais importantes que sustenta a resiliência e a prosperidade das colónias de abelhas melíferas é a adaptabilidade e a versatilidade das forrageadoras. As colónias de abelhas melíferas navegam com sucesso em ambientes complexos, utilizando a especialização individual e a tomada de decisões em grupo, o que garante a sua sobrevivência e influência ecológica (Robinson, 2002).

2.2. Comportamento de forrageamento das abelhas melíferas

As abelhas alimentam-se assiduamente de uma variedade de fontes florais, recolhendo pólen e néctar com grande cuidado. Para garantir a sobrevivência e a prosperidade da colónia, este processo implica padrões comportamentais complexos e modificações fisiológicas. Aqui, exploramos a arquitetura especializada, as escolhas alimentares e a dinâmica da recolha de pólen e néctar das abelhas melíferas, à medida que mergulhamos no intrigante mundo da procura de alimento das abelhas melíferas.

2.2.1. Recolha de pólen

As abelhas melíferas utilizam estruturas específicas nas suas patas traseiras, denominadas corbículas, para recolher e embalar o pólen. Graças a estas estruturas, podem transportar o pólen para a colmeia para ser armazenado e consumido com eficácia. Quando as abelhas procuram pólen, é frequente especializarem-se brevemente no pólen de uma determinada espécie de planta. As cargas individuais de pólen consistem maioritariamente em pólen de uma única fonte floral como resultado desta tendência, que é referida como "constância floral" (Garcia-Amoedo e de Almeida-Muradian, 2007).

2.2.2. Dinâmica da recolha de pólen ao nível da colónia

As colónias adquirem pólen de várias fontes ao mesmo tempo, mas os indivíduos podem concentrar-se na recolha de pólen de uma única espécie de planta (Avni et al., 2009; Requier et al., 2015). De acordo com estudos, as cargas de pólen dos colectores de pólen exclusivos pesam cerca de 10 mg, o que sugere que cada forrageador recolhe uma quantidade considerável de pólen. No entanto, as abelhas que recolhem pólen e néctar têm cargas polínicas reduzidas; pesam menos de metade (Drezner-Levy et al., 2009). Isto implica que estas forrageadoras multitarefas têm de escolher entre recolher néctar e pólen.

2.2.3. Coleção Nectar

As abelhas melíferas recolhem o pólen e o néctar, que constituem uma fonte vital de hidratos de carbono para a colónia. As quantidades precisas e as concentrações de açúcar das cargas de néctar das abelhas exclusivamente colectoras de néctar pesam cerca de 18 mg. As abelhas que recolhem pólen e néctar têm normalmente cerca de 10% menos néctar no seu corpo do que as que recolhem apenas néctar. A capacidade das forrageadoras para equilibrar o gasto de energia e a aquisição de recursos durante a procura de alimento reflecte-se na variação da carga de néctar (Petanidou et al., 2006).

2.2.4. Carga média de pólen e néctar

Os estudos de Seeley (1995) indicam que a carga média de pólen e de néctar é de 15 mg e de 30 mg, respetivamente. Estes resultados permitem conhecer as capacidades típicas de forragem das abelhas (Seeley, 1995). Estes valores fornecem uma base útil para compreender as necessidades alimentares e a eficácia de forrageamento das colónias de abelhas. Além disso, a investigação de Fewell e Winston mostra uma variedade de cargas de pólen, com variações que dependem das condições da colónia, como as reservas de pólen. A natureza dinâmica da aquisição e da utilização de recursos nas colónias de abelhas melíferas é demonstrada pela tendência das colónias com poucas reservas de pólen para terem cargas de pólen mais elevadas (Fewell e Winston, 1992).

2.2.5. Factores que influenciam o tamanho da carga de néctar

As abelhas melíferas transportam frequentemente menos néctar do que a sua capacidade máxima de colheita devido a parâmetros relacionados com a energia, como a distância de voo, a duração do forrageamento e a temperatura ambiente. Estas variáveis têm impacto na capacidade da forrageadora para recolher e distribuir eficazmente o néctar, o que provoca variações no tamanho da carga de néctar. A compreensão destes factores é essencial para avaliar a saúde nutricional das colónias de abelhas melíferas e prever os seus padrões de caça numa série de condições ambientais. Em suma, o comportamento intrincado e bem definido das abelhas produtoras de mel promove a sobrevivência e o bem-estar da colónia. Para satisfazer as necessidades nutricionais da colónia, as abelhas melíferas apresentam adaptações e actividades surpreendentes, que vão desde estruturas especializadas de recolha de pólen até à interação dinâmica entre a recolha de pólen e de néctar. Os investigadores podem aprender muito sobre a ecologia das abelhas melíferas e ajudar a promover a saúde dos polinizadores e a conservação da biodiversidade examinando estes padrões de forrageamento (Schmid-Hempel et al., 1985; Afik e Shafir, 2007).

2.3. Dinâmica do fluxo de alimento e água numa colónia de abelhas

O fluxo de alimentos e água de uma colónia de abelhas é um sistema complicado e é controlado por uma mistura de técnicas de armazenamento, consumo em grupo e atividade de forrageamento. Para compreender a resiliência e a sustentabilidade das colónias de abelhas no seu ambiente natural, é necessário compreender este sistema dinâmico (Robinson e Page, 1989; Goulson, 2003; Page, 2013).

2.3.1. Recolha e tratamento do néctar

O néctar é recolhido pelas forrageadoras nas flores e transportado para a colmeia no seu papo. Quando regressam, fornecem o néctar às abelhas armazenadoras, que o colocam em células da colmeia. O néctar é então transportado pelas abelhas da colmeia entre as células até amadurecer e se transformar em mel, que é então selado. A predileção das abelhas pelo consumo de mel não selado garante a sobrevivência da colónia (Goulson, 2003).

2.3.2. Recolha de pólen e formação de pão de abelha

As forrageadoras de pólen utilizam as corbículas das patas traseiras para transportar o pólen monofloral, que depois combinam com o néctar para formar os grânulos de pólen. As células que circundam a região de criação são então preenchidas com estes grânulos. O pão de abelha é produzido quando o pólen de muitas fontes é combinado numa única célula. O pão de abelha fresco é preferido em relação aos lotes mais velhos pelas abelhas amas, que são as principais consumidoras de pão de abelha (Robinson e Page, 1989; Page, 2013).

2.3.3. Trofalaxia e partilha de gelatina

As abelhas amas têm glândulas de alimentação maiores e trocam geleia por trofalaxia com larvas, outras amas, forrageadoras, zangões e a rainha. Esta partilha comum de recursos assegura o crescimento e o bem-estar de cada membro da colónia, promovendo assim a saúde geral e a produtividade da colmeia (Goulson, 2003; Page, 2013).

2.3.4. Recolha e armazenamento de água

As reservas de água são necessárias para um certo número de funções fisiológicas da colmeia. As abelhas armazenam a água que é transmitida pelas forrageadoras para as suas culturas, ao passo que as forrageadoras de água mantêm sobretudo reservas de água na sua agricultura. Além disso, uma pequena quantidade de água é deixada nas células da colmeia, dando aos membros da colónia um acesso fácil à mesma. Em resumo, o movimento de alimentos e água dentro de uma colónia de abelhas melíferas é um processo dinâmico e interligado que é alimentado por comportamentos especializados e interacções de grupo. A recolha de néctar e o armazenamento de água são apenas dois exemplos das muitas adaptações que as abelhas desenvolveram para sobreviver no seu ambiente. Todas estas partes são essenciais para a saúde e o bem-estar geral da colónia (Robinson e Page, 1989).

2.4. Regulação e importância da recolha de recursos nas colónias de abelhas melíferas

O controlo e a gestão da recolha de recursos são essenciais para o bem-estar e a eficiência das colónias de abelhas. É possível compreender os complexos processos utilizados pelas abelhas para preservar a resiliência e a produtividade das suas colónias através da compreensão da dinâmica da recolha de pólen, néctar, água e própolis.

2.4.1. Recolha e regulação do pólen

Para garantir que a colónia tem o alimento de que necessita, a recolha de pólen é rigorosamente controlada. Embora as necessidades exactas variem, as colónias mantêm normalmente cerca de 1 kg de pólen armazenado. Uma colónia solitária de dez quadros necessita, de acordo com a estimativa de Brodschneider e Crailsheim, de 13-18 kg de pólen por ano. Ao controlar cuidadosamente o fluxo de pólen rico em proteínas, as colónias são capazes de promover o crescimento das suas colónias e a criação da sua descendência (Brodschneider e Crailsheim, 2010).

2.4.2. Recolha e armazenamento do néctar

A oferta floral, que varia significativamente diariamente e sazonalmente, controla a recolha do néctar. As colónias armazenam dezenas de quilogramas de néctar, que conseguem manter durante os períodos de escassez. Graças a esta técnica de adaptação, as colónias de abelhas garantem um abastecimento de néctar rico em hidratos de carbono durante todo o ano para a produção de energia e de mel (Seeley, 1995).

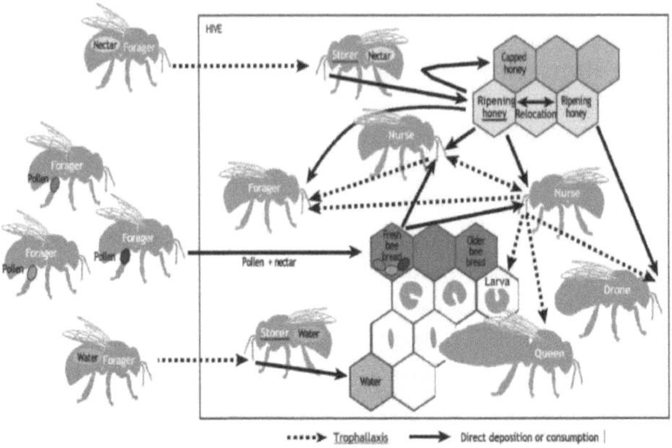

Fig.1 Colónia de abelhas: Fluxo de alimento e água

2.4.3. Recolha de água e termorregulação

Nas colónias de abelhas melíferas, a recolha de água tem várias utilizações, sendo a principal o arrefecimento evaporativo do ninho de criação. O aumento da temperatura da colmeia faz com que se trabalhe mais na recolha de água, o que enfatiza a necessidade de água para a termorregulação e preservação das condições ideais para o crescimento das abelhas jovens (Ostwald et al., 2016).

2.4.4. Recolha de própolis para a higiene da colmeia

As abelhas recolhem própolis, uma substância produzida a partir de plantas, para melhorar a higiene da colmeia e aumentar a imunidade social. Em reação a um aumento dos níveis de infeção por doenças como o fungo que causa a doença do carvão, as colónias aumentam a sua recolha de própolis. Esta abordagem proactiva mostra como as colónias de abelhas podem adaptar-se para reduzir o perigo de doenças e preservar a saúde da colónia. Em resumo, o controlo e a supervisão da recolha de recursos são aspectos cruciais da dinâmica das colónias de abelhas. Cada recurso, como o pólen, o néctar e o própolis, tem um papel distinto na promoção do crescimento da colónia, da termorregulação e da resistência às doenças. Para que as populações de abelhas melíferas permaneçam sustentáveis e produtivas em seus ambientes nativos, é essencial compreender esses processos (Simone-Finstrom e Spivak, 2012).

3. NECTAR

3.1. Composição do néctar

A saúde das colónias de abelhas melíferas e a sua atividade forrageira são significativamente influenciadas pela composição nutricional do seu néctar. A análise das características minuciosas da composição do néctar e da concentração de açúcar pode revelar as preferências das abelhas e as tácticas de otimização energética.

3.1.1. Composição e variação do açúcar no néctar

Os três açúcares simples que constituem o conteúdo nutricional do néctar são a frutose, a glucose e a sacarose. A espécie de planta da qual o néctar é colhido afecta as proporções destes açúcares. O teor total de açúcar dos néctares varia muito, de cerca de 10% a 70% p/p (peso por peso). Esta variação realça a variedade de perfis nutricionais que as abelhas melíferas podem encontrar nos seus ambientes de forrageamento (Nicolson e Thornburg, 2007).

3.1.2. Preferências das abelhas melíferas e comportamento de forrageamento

As abelhas melíferas preferem néctar com determinadas concentrações de açúcar, que normalmente variam entre 30% e 50%. No entanto, dependendo do ambiente e da disponibilidade de flores, as abelhas melíferas recolhem no campo néctar com teores de água variados. Apesar das suas preferências, as abelhas melíferas adaptam-se ao seu ambiente e recolhem néctar com composições variáveis para satisfazer as necessidades das suas colónias (Waller, 1972 e

Seeley, 1986).

3.1.3. Concentração óptima de açúcar para a ingestão de energia

Para que as abelhas consumam energia, a concentração ideal de açúcar é de cerca de 60%. Acima deste limiar, a viscosidade dos néctares torna-se demasiado elevada para uma lambidela eficaz, o que limita a quantidade de energia absorvida. As abelhas escolhem fontes de néctar que optimizam a ingestão de calorias e minimizam o esforço de forrageamento com base na sua compreensão desta concentração ideal (Roubik e Buchmann, 1984). Em resumo, a composição dos açúcares, as preferências das abelhas e as tácticas de otimização energética têm um impacto na dinâmica nutricional do néctar durante a procura de alimento pelas abelhas. As abelhas certificam-se de que os nutrientes essenciais necessários para manter o crescimento e a produção da colónia são adquiridos de forma eficiente, ajustando o seu comportamento de forrageamento de acordo com as diferentes composições do néctar.

3.2. Preferências de açúcar das abelhas

3.2.1. Preferência por sacarose

As abelhas melíferas são selectivas quanto às fontes de açúcar que utilizam, como se pode ver pela sua preferência pela sacarose em relação aos açúcares hexose quando lhes é permitido voar. As abelhas escolhem constantemente a sacarose em vez da hexose quando lhes é dada a opção de se alimentarem em alimentadores de grande volume que contêm ambos os açúcares. Esta escolha está de acordo com as necessidades nutricionais das abelhas porque a sacarose é uma fonte de energia mais fácil de metabolizar. Para além de fornecer energia, a sacarose pode também ter outras vantagens, como promover a absorção de água ou apoiar a termorregulação durante o voo. A força desta preferência enfatiza a importância da compreensão dos elementos ecológicos e fisiológicos que afectam o comportamento de forrageamento das abelhas (Waller, 1972).

3.2.2. Sensibilidade à sacarose

As abelhas melíferas são extremamente sensíveis à sacarose, mesmo em condições laboratoriais em que são limitadas para experiências. As experiências de extensão da probóscide, que medem a reatividade das abelhas às soluções de açúcar, demonstram claramente esta sensibilidade. Tais experiências, realizadas na probóscide (Simcock et al., 2014) e nas antenas (Afik et al., 2006), demonstram a sensibilidade das abelhas na deteção e resposta a estímulos de sacarose. Esta maior sensibilidade deve-se provavelmente ao facto de a sacarose ser a principal fonte de energia utilizada no metabolismo das abelhas. O conhecimento dos processos que as abelhas utilizam para detetar e metabolizar o açúcar ajudar-nos-á a compreender melhor a forma como forrageiam e gerem as suas colónias.

3.2.3. Padrões de comportamento

As abelhas melíferas têm uma forte preferência pela sacarose; no entanto, a sua atividade de forrageamento não é apenas determinada por esta preferência. Sabe-se que as abelhas colhem néctares ricos em açúcares hexose de uma série de fontes vegetais, incluindo girassóis e canola, apesar dos benefícios metabólicos da sacarose. Esta flexibilidade comportamental implica que as abelhas podem dar mais importância à diversidade e à disponibilidade dos recursos do que à adesão rígida ao tipo de açúcar. Além disso, a recolha de néctares ricos em hexose pode desempenhar funções ecológicas específicas na colmeia, como a alimentação das larvas ou a produção de mel. A compreensão da subtil interação entre as preferências de açúcar e o comportamento de procura de alimento é fundamental para determinar as estratégias de adaptação utilizadas pelas colónias de abelhas melíferas em diversos contextos ecológicos (Gmeinbauer e Crailsheim, 1993).

3.2.4. Valor metabólico da sacarose

O maior valor metabólico da sacarose por unidade de peso em relação aos açúcares hexose explica por que razão a sacarose é tão importante para a atividade de forrageamento das abelhas. Como a sacarose é um dissacarídeo composto de glicose e frutose, ela dá ao metabolismo das abelhas uma fonte de energia mais eficaz. As abelhas podem aumentar a sua ingestão de energia e minimizar os seus esforços de procura de alimento devido a esta vantagem metabólica. Além disso, a sacarose é preferida como fonte primária de açúcar pelas abelhas devido à sua rápida digestão e absorção eficaz no seu trato digestivo. Nos seus habitats nativos, as estratégias de procura de alimento das colónias de abelhas melíferas e a dinâmica das colónias são provavelmente muito influenciadas pelos benefícios metabólicos que a sacarose proporciona. A ecologia das abelhas melíferas e os esforços de conservação podem beneficiar muito com a compreensão das consequências metabólicas das preferências por açúcar (Fischer e Shingleton, 2001).

3.3. Composição do néctar

Os polinizadores, especialmente as abelhas, dependem do néctar, o líquido açucarado que as flores geram e que é uma mistura complexa de diferentes substâncias. O exame da sua composição fornece uma grande quantidade de informações sobre o comportamento e as tácticas de procura de alimento das abelhas.

3.3.1. Perfil de aminoácidos

Os aminoácidos são encontrados numa vasta gama de quantidades no néctar, desde micro-molares a mil-molares (Gardener e Gillman, 2001; Petanidou et al., 2006). O perfil de aminoácidos do néctar é caracterizado por uma elevada concentração de aminoácidos não essenciais; as implicações nutricionais exactas deste perfil ainda estão a ser investigadas. No entanto, estes aminoácidos afectam provavelmente o sabor do néctar para as abelhas e podem ajudar a moldar a sua memória associativa das características florais (Gardener e Gillman, 2002; Simcock et al., 2014). As preferências aparentes das abelhas melíferas que voam livremente por aminoácidos específicos demonstram a importância dessas substâncias para sua estratégia de forrageamento (Hendriksma et al., 2014). Entre os aminoácidos, a fenilalanina destaca-se por ser muito fagostimuladora; está frequentemente presente em quantidades significativas no néctar das plantas que as abelhas visitam (Petanidou et al., 2006).

3.3.2. Influência dos minerais e micronutrientes

A investigação existente fornece informações fascinantes sobre o possível significado dos minerais e micronutrientes no néctar, embora o seu papel exato na nutrição das abelhas ainda não seja claro (Waller et al., 1972; Afik et al., 2006; Lau e Nieh, 2016). Diversos elementos minerais no néctar evocam diversas respostas das forrageadoras de abelhas melíferas. Por exemplo, concentrações modestas de NaCL e MgCl podem ter efeitos fagostimuladores, enquanto níveis elevados de potássio, que podem ser encontrados em algumas fontes de néctar como o abacate e a cebola, podem reduzir a atração.

3.3.3. Impacto dos metabolitos secundários

Os polinizadores são afectados por uma vasta gama de metabolitos secundários encontrados no néctar, tais como fenólicos e alcalóides (Svoboda e Lusby, 1986; Detzel e Wink, 1993; Wright et al., 2010; Tiedeken et al., 2014). Estas substâncias têm o potencial de repelir ou mesmo envenenar as abelhas, o que pode afetar os seus hábitos e preferências de alimentação. Embora alguns metabolitos possam ser invisíveis para as abelhas, podem, no entanto, ter um efeito significativo no comportamento. Foi demonstrado que a cafeína, por exemplo, melhora a recordação das características florais pelas abelhas, demonstrando a complexa relação entre os metabolitos secundários e a cognição das abelhas (Wright et al., 2013).

3.3.4. Papel dos hidratos de carbono

Sendo a principal fonte de energia para as abelhas, os hidratos de carbono são uma parte essencial do néctar (Haydak, 1970; Alaux et al., 2010; Lee et al., 2014). Diferentes espécies de plantas têm diferentes quantidades e tipos de hidratos de carbono no seu néctar, o que pode afetar a forma como as abelhas escolhem a forragem e como obtêm energia. Como os néctares com elevado teor de hidratos de carbono são ricos em energia e permitem uma forragem eficaz e a formação de colónias, as abelhas tendem a escolhê-los (Nicolson e Thornburg, 2007; Carroll et al., 2017). Esta análise metódica realça a complexidade da composição do néctar e a forma como esta afecta a atividade e a nutrição das abelhas. Cada elemento, incluindo minerais, aminoácidos, hidratos de carbono e metabolitos secundários, contribui para a intrincada rede de interacções que existe entre as plantas e os seus polinizadores.

4. POLLEN

4.1. Análise da composição polínica

O estudo da composição do pólen é fundamental para compreender o seu valor nutricional e a sua relevância ambiental, mas envolve uma série de obstáculos e considerações.

4.1.1. Desafios na análise química

A falta de pólen na maioria das florações dificulta a sua análise química, pelo que as abelhas melíferas têm de confiar no pólen que obtêm das armadilhas (Nicolson, 2011; Arien et al., 2015). Como as abelhas humedecem o pólen com néctar, mel e saliva, o teor de açúcar do pólen que recolhem pode atingir até 50% da sua massa seca (Nicolson, 2011).

4.1.2. Variação do teor proteico

Com as variações observadas na massa seca das angiospérmicas, que vão de 10% a 60%, o componente proteico do pólen é de especial interesse (Roulston et al., 2000; Somerville e Nicol, 2006). A tónica principal continua a ser o teor proteico, apesar de poucos investigadores terem apresentado avaliações alargadas da composição do pólen (Todd e Bretherick, 1942; Day et al., 1990; Serra e Escola, 1997). No entanto, a falta de estudos abrangentes dificulta a compreensão das variações na concentração de proteínas entre diferentes fontes de pólen.

4.1.3. Implicações para a nutrição das abelhas

A nutrição das abelhas é significativamente afetada pela subvalorização da proteína e de outros nutrientes no pólen recolhido pelas abelhas, por oposição ao pólen fresco (Nicolson, 2011). A determinação da função do pólen na saúde das abelhas e na dinâmica das colónias requer uma compreensão das distinções nutricionais entre o pólen fresco e o pólen recolhido pelas abelhas.

4.1.4. Considerações metodológicas

As questões metodológicas na análise do pólen são fundamentais para avaliar com exatidão a composição e o valor nutricional (Nicolson, 2011; Arien et al., 2015). Para garantir estudos válidos e exaustivos, os investigadores devem considerar os métodos de recolha de pólen, bem como o potencial impacto dos procedimentos de processamento. Esta análise organizada examina a complexidade e as questões envolvidas na análise da composição do pólen, enfatizando a importância de metodologias abrangentes para melhor compreender o seu valor nutricional e significado ecológico nas colónias de abelhas.

4.2. Avaliação da qualidade do pólen

Para avaliar a qualidade do pólen, é igualmente necessário examinar outros aspectos para além dos níveis de proteína bruta, como a composição de aminoácidos e a concentração de aminoácidos essenciais em relação às necessidades das abelhas.

4.2.1. Importância da composição de aminoácidos

O teor de aminoácidos do pólen é um indicador crítico da sua qualidade para as abelhas (De Groot, 1953). Por mais importante que seja o teor de proteínas, a importância dos níveis de aminoácidos necessários em relação às necessidades das abelhas é mais importante.

4.2.2. Proporção de Aminoácidos

O pólen, tal como o néctar, tem uma percentagem mais elevada de aminoácidos não essenciais (como a prolina) do que de aminoácidos essenciais (Somerville e Nicol, 2006; Hocherl et al., 2012). Determinadas formas de pólen, como a isoleucina encontrada no pólen de eucalipto ou a histidina no pólen de milho, foram consideradas deficientes em aminoácidos essenciais.

4.2.3. Abundância de Aminoácidos

De acordo com as medições, existe uma diferença significativa na abundância de aminoácidos livres e ligados à proteína (Weiner, 2010). Para compreender como as abelhas acedem e utilizam os aminoácidos para satisfazer as suas necessidades alimentares, esta distinção é crucial.

4.2.4. Estimativa da proteína bruta

Podem ser utilizadas várias técnicas para estimar os níveis de proteína bruta, como a soma dos aminoácidos que são detectados após a hidrólise da proteína (Leonhardt e Bluthgen, 2011). Este método oferece informações esclarecedoras sobre o teor proteico do pólen e o seu possível valor nutricional para as abelhas. Esta dissecação organizada aborda o complexo processo de avaliação da qualidade do pólen, destacando a importância da composição de aminoácidos e a sua relação com a nutrição e o bem-estar das abelhas.

4.3. Macronutrientes no pólen

As abelhas necessitam de macronutrientes, como lípidos e hidratos de carbono, para uma nutrição adequada, e o pólen é uma fonte rica destes nutrientes.

4.3.1. Hidratos de carbono

O pólen contém hidratos de carbono sob a forma de amido e de fibras presentes na parede celular indigesta, que são aumentados pelos açúcares do néctar durante a colheita (Roulston e Buchmann, 2000). Estes hidratos de carbono contribuem para uma série de funções metabólicas das abelhas, fornecendo-lhes energia e actuando como uma fonte crítica de nutrição.

4.3.2. Lípidos

Outro macronutriente importante no pólen são os lípidos, que estão presentes tanto no revestimento interior como exterior dos grãos de pólen, ou pollenkitt (Dobson, 1988). Normalmente, o pólen tem um teor total de lípidos de 2% a 20% da sua massa seca (Roulston e Cane, 2000). O pólen tem uma ampla gama de composição de ácidos gordos; os ácidos gordos mais prevalecentes são o palmítico, o linoleico (ómega 6) e o alfa-linolénico (ómega 3), que juntos representam 60% a 80% de todos os ácidos gordos (Manning, 2001; Avni et al., 2014; Arien et al., 2015).

4.3.3. Ácidos gordos essenciais

Os ácidos gordos essenciais ácido linoleico e ácido alfa-linolénico são particularmente importantes para a nutrição; um défice deste último pode afetar a função cognitiva (Arien et al., 2015). Enquanto o ácido alfa-linolénico apresenta a tendência oposta, a concentração de ácido linoleico no corpo das abelhas é mais elevada do que no cérebro das abelhas (Arien et al., 2015). Vários ácidos gordos, como os ácidos decanóico, dodecanóico e mirístico, têm qualidades antimicrobianas que podem ter uma utilização adicional na higiene da colmeia, para além do seu valor nutricional (Manning, 2001). Esta análise organizada clarifica a vasta gama de macronutrientes encontrados no pólen e a sua importância para a nutrição das abelhas e para a saúde geral da colmeia.

4.4. Micronutrientes no pólen

As abelhas obtêm principalmente micronutrientes através do pólen, que inclui minerais, vitaminas, esteróis críticos e metabolitos secundários que são vitais para a sua saúde e bem-estar.

4.4.1. Esteróis de pólen

A variedade de esteróis encontrados no pólen é diversa e inclui 24-metileno colesterol, β-sitosterol, estigmasterol e avenasterol (Vanderplanck et al., 2014; Villette et al., 2015). Nas colónias de abelhas, estes esteróis são vitais para uma série de funções fisiológicas.

4.4.2. Composição mineral e vitamínica

As análises da composição mineral do pólen sugerem que os micronutrientes são importantes, embora não tenham recebido muita atenção (Day et al., 1990;

Bonvehi e Jorda, 1997). Em comparação com as vitaminas lipossolúveis, o pólen é conhecido por ser mais rico em vitaminas hidrossolúveis, nomeadamente vitaminas B (Roulston e Cane, 2000; Black, 2006). O pólen contém ferro, que é um mineral vital e que se acumula na periferia do abdómen. Os minerais podem ajudar as abelhas a navegar (Wang et al., 2013). No entanto, a alta concentração de ferro, especialmente de culturas que têm fertilização pesada, pode causar peroxidação lipídica e encurtar a vida das abelhas (Jumarie et al., 2017).

4.4.3. Metabolitos secundários

O pólen contém diferentes metabolitos secundários, tais como polifenóis e toxinas, que se encontram frequentemente em quantidades superiores às do néctar (London-Shafir et al., 2003). Embora sejam comuns, nada se sabe sobre o modo como afectam especificamente as abelhas melíferas. O pólen é rico em polifenóis, como o flavonoide quercetina, que pode ter um impacto na saúde das abelhas (Bonvehi e Jorda, 1997). A vasta gama de micronutrientes encontrados no pólen e os seus possíveis efeitos no comportamento e na saúde das abelhas são clarificados por esta análise organizada.

5. ARMAZENAMENTO DE ALIMENTOS

As abelhas refinam os alimentos que recolhem, alterando-os do seu estado original, durante o processo de acumulação. O pão de abelha (pólen) e o mel (néctar) são os dois principais tipos de alimentos que elas acumulam. A cera produzida pelas glândulas de cera das operárias adultas é utilizada para fazer favos para armazenar os alimentos acumulados.

5.1. Mel

A conversão do néctar em mel é um processo complexo levado a cabo pelos esforços cooperativos das abelhas dentro da colmeia. A formação da popular substância doce é o resultado de várias fases deste processo, que incluem a redução da água e a hidrólise da sacarose.

5.1.1. Transferência de néctar e processamento inicial

As abelhas que recolhem o néctar regressam à colmeia e utilizam a trofalaxia para transmitir as suas cargas às abelhas armazenadoras de alimento, que depositam o néctar em células espalhadas pelo favo (Camazine, 1991). As forrageadoras retiram ativamente a água do néctar floral para iniciar o processo de transformação em mel. Regurgitam o néctar e seguram-no entre as suas mandíbulas, permitindo que a água se evapore (Park, 1925).

5.1.2. Evaporação e maturação

A maturação do mel requer o processo de evaporação passiva do néctar no interior das células de maturação da colónia (Eyer et al., 2016). Estudos revelam que o processo de maturação depende do movimento do néctar entre as células antes do armazenamento final. Além disso, a água pode ser eliminada em trânsito para a colmeia, o que reduz o teor de humidade global (Nicolson e Human, 2008).

5.1.3. Hidrólise da sacarose

A adição de invertase ao néctar da colheita durante a recolha facilita a hidrólise da sacarose, outro componente essencial da formação do mel (Oertel et al., 1951). Esta atividade enzimática contribui para a doçura e a durabilidade do mel, dissolvendo a sacarose nos seus açúcares componentes, a frutose e a glicose. Esta divisão organizada lança luz sobre os muitos processos envolvidos na produção de mel, enfatizando os esforços cooperativos das abelhas e as reacções bioquímicas que convertem o néctar no material delicioso e duradouro conhecido como mel.

5.2. Propriedades e conservação do mel

O mel tem qualidades especiais e é conservado na colmeia de uma determinada forma para poder satisfazer as exigências da colónia sem comprometer a sua integridade ou qualidade.

5.2.1. Características físico-químicas

Uma solução de açúcar altamente concentrada que impede o desenvolvimento microbiano é produzida à temperatura da colmeia quando a concentração de frutose aumenta a solubilidade da glucose (Doner, 1977). A qualidade do mel para consumo humano é avaliada através de técnicas físico-químicas normalizadas (Bonvehi e Jorda, 1997), que verificam a existência de diferentes açúcares para além dos açúcares principais, tais como dissacáridos como a maltose e oligossacáridos.

5.2.2. Componentes e propriedades antibióticas

A diastase (α-amilase), as invertases, a glucose oxidase e outras enzimas estão entre as enzimas que conferem ao mel a sua composição e características. A prolina é o aminoácido livre mais comum (Kwakman et al., 2010). As qualidades antibacterianas do mel são reforçadas pela sua elevada concentração osmótica, baixo pH e teor de peróxido de hidrogénio. Substâncias menores, como os fenólicos, também afectam a saúde das abelhas, contribuindo para a cor, o sabor e o aroma de vários méis (Mao et al., 2013).

5.2.3. Padrões de armazenamento na colónia

Uma pequena porção de mel é conservada, preferindo a colónia consumir o mel menos concentrado (Eyer et al., 2016). No entanto, as secções de favos de armazenamento de mel podem ser pesadas, pesando várias dezenas de quilogramas. Numa colmeia, a criação é geralmente armazenada no centro, rodeada por uma fina camada de pólen, enquanto o mel é armazenado fora desta área (Camazine, 1991). A colónia mantém apenas reservas limitadas de água, principalmente nas culturas de abelhas reservatório na colmeia e forrageadoras de água, com alguma água a ser mantida nos favos (Ostwald et al., 2016). Esta dissecação organizada esclarece as características do mel e a forma como é mantido na colmeia, realçando a sua importância vital para a organização e sobrevivência da colónia.

5.3. Pão de abelha

O pão de abelha, uma fonte crítica de alimento para as colónias de abelhas, é meticulosamente recolhido, processado e armazenado dentro da colmeia, resultando numa composição nutricional única.

5.3.1. Recolha e tratamento

As forrageiras que recolhem pólen regressam e colocam as suas cargas diretamente nas células dispostas num padrão de pente (Camazine, 1991). As cargas anteriores de diferentes fontes florais podem já estar presentes nestas células (Podriznik e Bozic, 2016). O pólen é posteriormente processado pelas abelhas imaturas da colmeia através da adição de mel regurgitado, que tem qualidades antibacterianas e ajuda a manter o pólen armazenado fresco (Anderson, 2014).

5.3.2. Preferência e armazenamento

As abelhas preferem comer pão de abelha fresco, de preferência de células próximas às células de cria, resultando em reservas de pólen relativamente limitadas, principalmente em torno das células de cria (Camazine, 1991; Anderson, 2014; Carroll, 2017). Pão de abelha é a palavra usada para descrever o pólen que foi embalado em células para preservação.

5.3.3. Composição nutricional

O pólen de flores e o pão de abelha têm teores nutricionais diferentes. De um modo geral, o pão de abelha tem um teor de proteínas entre 10% e 30% e um teor de lípidos entre 3% e 8%, contra até 20% no pólen. Entre 25% e 50% do peso seco do pão de abelha é constituído por hidratos de carbono, incluindo hidratos de carbono adicionais provenientes do mel ou do néctar (Herbert e Shimanuki, 1978; Bonvehi e Jorda, 1997; Human e Nicolson, 2006; Nicolson e Human, 2013). O teor de proteínas e hidratos de carbono do pão de abelha pode variar sazonalmente, com o nível máximo de proteínas a ocorrer a meio do verão e o teor mais elevado de hidratos de carbono no final do verão (Donkersley et al., 2014). No entanto, a informação sobre outros elementos do pão de abelha, como a composição de esteróis, minerais e vitaminas, é escassa ou desconhecida. A criação e a composição nutricional do pão de abelha são explicadas desta forma organizada, enfatizando a importância do pão como fonte de alimento para as colónias de abelhas e as lacunas no nosso conhecimento de todo o seu perfil nutricional.

5.4. Contribuição microbiana para a nutrição do pão de abelha

O papel das bactérias no pão de abelha e a sua potencial contribuição para o seu conteúdo nutricional continuam a ser áreas de controvérsia na comunidade científica.

5.4.1. Controvérsias e estudos

Discute-se se as bactérias no pão de abelha melhoram o seu valor nutricional quando comparado com o pólen colhido. De acordo com alguns estudos, o pão de abelha pode proporcionar às abelhas maiores vantagens nutricionais (Brodschneider e Crailsheim, 2010).

5.4.2. Atividade microbiana e enriquecimento de nutrientes

Durante a recolha do pólen, são adicionadas bactérias lácticas da cultura (Vasquez e Olofsson, 2009). A atividade microbiológica do pão de abelha pode resultar na pré-digestão ou na adição de nutrientes vitais (Gilliam, 1997). Descobriu-se que as bactérias intestinais das abelhas produzem vitaminas B, que podem enriquecer o pão de abelha ou decompor polissacáridos complexos na exina do pólen (Lee et al., 2014).

5.4.3. Evidências limitadas e preservação de nutrientes

Existem poucas provas de que os microrganismos causam alterações nutricionais importantes no pão de abelha. A ausência de microrganismos no pão de abelha sugere geralmente que o ambiente é mais adequado para preservar os nutrientes, como no mel, do que para os converter. A maioria das abelhas também prefere comer pólen recém-armazenado dentro de três a cinco dias, o que levanta questões sobre o grau de influência microbiana no armazenamento de nutrientes, mesmo apesar do possível papel das bactérias (Anderson, 2014). Esta divisão organizada chama a atenção para a atual discussão sobre o papel das bactérias na influência da composição nutricional do pão de abelha e para a necessidade de mais investigação para esclarecer esta importante fonte de sustento para as abelhas.

6. NUTRIÇÃO DAS ABELHAS

As abelhas melíferas desenvolvem-se através de castas comportamentais durante a sua vida adulta. A fisiologia de uma abelha operária sofre mudanças drásticas quando passa de enfermeira a forrageira, e as suas necessidades alimentares alteram-se juntamente com esta mudança. Uma outra caraterística que distingue as abelhas melíferas das outras espécies de insectos é a secreção glandular denominada geleia real que as operárias adultas da casta das amas produzem e dão às larvas. Tal como o leite animal, a geleia real fornece a nutrição ideal para o crescimento e desenvolvimento das larvas de abelha.

6.1.Digestão do pólen pelas abelhas amas e alimentação das larvas

6.1.1. Estratégias de alimentação das larvas de abelhas

As espécies de abelhas e as suas estruturas sociais diferem nas estratégias de alimentação que utilizam para criar as suas larvas; algumas praticam o aprovisionamento em massa, enquanto outras seguem um calendário de alimentação progressivo.

6.1.2. Aprovisionamento em massa

Algumas espécies de abelhas utilizam o aprovisionamento em massa para alimentar as suas larvas, como as abelhas solitárias, algumas abelhas sem ferrão eussociais e as abelhas halitídeas como Lasioglossum (Michener, 2000). Este método permite que as larvas se desenvolvam sem a alimentação dos adultos, uma vez que a abelha-mãe fornece néctar e pólen suficientes na célula antes de colocar o ovo.

6.1.3. Alimentação progressiva

As abelhas alodapinas (Apidae) e algumas abelhas eussociais, como as abelhas melíferas (Apis), por outro lado, são conhecidas por apresentarem uma alimentação progressiva. Ao longo da sua fase de desenvolvimento, as larvas que recebem alimentação progressiva recebem nutrição constante das abelhas adultas em vez de dependerem de alimentos armazenados nas suas células (Michener, 2000).

6.1.4. Correlação com a estrutura social

A ausência de cuidadores adultos obriga as espécies de abelhas solitárias a recorrerem ao aprovisionamento em massa, embora não exista uma relação clara entre a socialidade e a técnica de alimentação. Nas espécies de abelhas eussociais, como as abelhas sem ferrão e os abelhões (Apidae), por exemplo, tanto o aprovisionamento em massa como a alimentação progressiva estão presentes. Parece, assim, que o grau de socialidade nas colónias de abelhas não é o único fator que influencia a forma como as larvas se alimentam. A variedade de tácticas de alimentação das larvas encontradas nas espécies de abelhas é evidenciada por esta análise estruturada, que também sublinha a complexidade da relação entre a abordagem alimentar e a organização social, em comparação com os pressupostos anteriores.

6.2. Mecanismos de alimentação nas colónias de abelhas melíferas

Os complexos sistemas de alimentação que as colónias de abelhas melíferas utilizam para alimentar as suas larvas e os seus adultos são, em grande parte, geridos pela casta das abelhas operárias.

6.2.1. Alimentação das abelhas amas

A alimentação de toda a colónia é da responsabilidade da casta das enfermeiras. Para tal, as abelhas segregam compostos glandulares, como a geleia real, que produzem depois de comerem mel e pão de abelha, ou fornecem diretamente mel e pão de abelha.

6.2.2. Desenvolvimento das Secreções Glandulares

As glândulas mandibulares e hipofaríngeas das jovens abelhas lactantes são estimuladas a crescer e a expandir-se pelo pólen; estas glândulas atingem o seu tamanho máximo entre os dias 6 e 10 após a eclosão (Moritz e Crailsheim, 1987; Lass e Crailsheim, 1996; Hrassnigg e Crailsheim, 1998; Pernal e Currie, 2000). As abelhas que amamentam têm glândulas alargadas, específicas dos himenópteros. Isto permite-lhes segregar geleia real para alimentar as larvas, um comportamento que não se verifica noutras espécies de abelhas, como os abelhões.

6.2.3. Trofalaxia e transferência de bactérias intestinais

Nos insectos sociais, as abelhas melíferas (mas não os zangões) partilham alimentos através de um comportamento conhecido como trofalaxia (Crailsheim, 1992). Este processo, embora não totalmente, promove a troca de bactérias intestinais entre as abelhas dentro das colónias de abelhas melíferas, ajudando na digestão e na defesa contra patógenos e parasitas (Powell et al., 2014; Billiet, 2017). A divisão organizada enfatiza a intrincada interação entre os processos de alimentação e a organização da colónia na manutenção da saúde geral e da produtividade da colónia, bem como a função crítica que as abelhas amas desempenham no fornecimento de sustento às larvas e aos adultos das abelhas melíferas.

6.3. Papel das abelhas no consumo e digestão de pólen

As abelhas amas consomem e digerem o pólen muito mais rapidamente do que as forrageiras e têm também um nível mais elevado de atividade de protease no intestino médio. Estas características são importantes para a produção de mel na colónia.

6.3.1. Consumo de pólen pelas abelhas amas

As abelhas amas têm níveis mais elevados de atividade da protease do intestino médio e de ingestão de pólen, o que está correlacionado com a expansão das suas glândulas hipofaríngeas. As abelhas amas são as principais consumidoras de pólen na colónia (Moritz e Crailsheim, 1987; Crailsheim et al., 1992).

6.3.2. Desafios na digestão de pólen

A barreira física que a membrana da exina apresenta nos grãos de pólen dificulta a digestão. A extração de nutrientes é ainda mais complicada devido à heterogeneidade da relação entre a área de superfície e o volume e o tamanho do grão de pólen (O'Rourke e Buchmann, 1991). Os grãos de pólen de paredes finas, como os da luzerna e do milho, permanecem intactos no intestino médio das abelhas melíferas, indicando uma via alternativa de digestão através dos poros de germinação, apesar de o choque osmótico ter sido sugerido como um mecanismo de digestão do pólen (Peng, 1986; Goulson, 2003).

6.3.3. Eficiência da digestão de pólen

As abelhas podem digerir cerca de 75% do pólen que comem no período de duas a vinte e quatro horas que dura o trânsito estomacal do pólen (Schmidt e Buchmann, 1985; Crailsheim, 1990; DeGrandi-Hoffman, 2016). A eficiência da digestão do pólen é medida utilizando uma variedade de técnicas, incluindo a contagem da percentagem de grãos de pólen vazios nas fezes e a comparação da composição proteica da dieta e das fezes (Schmidt e Buchmann, 1985; Crailsheim et al., 1992; Human et al., 2007).

6.3.4. Papel dos micróbios intestinais

A rápida passagem do pólen pelo intestino da abelha implica que os microrganismos intestinais têm um papel limitado na digestão do pólen, embora possam ajudar na decomposição dos hidratos de carbono estruturais do pólen (Lee et al., 2014). A utilização de fontes de proteína, como a farinha de soja, pode reduzir a eficiência digestiva das abelhas alimentadas com substitutos do pólen, aumentando a probabilidade de infeção por Nosema (DeGrandi-Hoffman, 2016). Esta dissecação organizada enfatiza as dificuldades e os métodos associados aos processos de digestão do pólen, bem como a função crítica que as abelhas amas desempenham no consumo e na digestão do pólen pela colónia.

6.4. Geleia real

A geleia real é uma secreção muito nutritiva produzida pelas glândulas mandibulares e hipofaríngeas que se encontram na cabeça das abelhas. Fornece os nutrientes vitais necessários para o crescimento e desenvolvimento das larvas de abelha em desenvolvimento e actua como a sua principal fonte de alimento.

6.4.1. Produção de geleia real

As cabeças das abelhas têm glândulas chamadas mandibular e hipofaríngea que produzem geleia real. As enfermeiras transferem a geleia real para as células das larvas operárias e das larvas rainhas, sendo que as larvas rainhas recebem uma quantidade maior do que as larvas operárias (Haydak, 1970).

6.4.2. Regime de alimentação

Durante os primeiros três dias do seu desenvolvimento, as larvas operárias consomem apenas geleia real. Depois disso, começam a comer apenas fluidos glandulares, mel e pólen (Crailsheim, 1990). A alimentação direta das larvas de operárias com pólen fornece menos de 5% das proteínas necessárias ao seu desenvolvimento, ao contrário das larvas de abelhas solitárias (Babendreier et al., 2004).

6.4.3. Crescimento e desenvolvimento larvar

As larvas de abelhas melíferas crescem rapidamente, atingindo aumentos de peso entre 900 e 1.700 vezes durante o desenvolvimento. As operárias demoram cinco a seis dias a passar pelos seus instares, ao passo que as rainhas demoram apenas três a cinco dias a iniciar o processo de transformação da seda crua em pupas (Haydak, 1970).

6.4.4. Consequências de uma alimentação inadequada

As operárias adultas são mais pequenas e mais fracas devido a uma alimentação inadequada durante o desenvolvimento larvar. Além disso, as operárias adultas podem canibalizar larvas imaturas, enfatizando como é crucial fornecer alimentação suficiente durante as fases iniciais do desenvolvimento

(Brodschneider e Crailsheim, 2010). Esta análise organizada destaca a capacidade especial das abelhas melíferas para produzir e utilizar a geleia real para alimentar as suas crias, realçando o papel que a nutrição desempenha no desenvolvimento e na saúde da colónia.

6.5.Composição química da Geleia Real

O reforço nutricional do mel e do pão de abelha que as abelhas amas comem, conhecido como geleia real, tem uma composição química uniforme em todo o mundo (Quadro 1). As consequências das composições para a determinação da casta e o desenvolvimento das abelhas atraíram muito interesse.

6.5.1. Consistência da composição

A geleia real, produzida a partir do mel e do pão de abelha ingeridos pelas abelhas amas, tem uma composição química extremamente homogénea nas diferentes zonas geográficas (quadro 1). A sua importância para o crescimento das abelhas e para o estabelecimento das castas é evidenciada pela sua consistência.

Quadro 1. Composição em macronutrientes da geleia real

País	Água	Proteína	Lípidos	Hidratos de carbono	P:C	P: L	Referências
Brasil	63.2	35.6	8.91	52.7	1:1.5	4:1	Garcia-Amoedo e de Almeida-Muradian, 2007
Jordânia	61.5	33.7	25.9	36.3	1:1	1.3:1	Nabas et al., 2014
China	57.0	35.8	-	26.9	1.3:1	-	Wang et al., 2016
Japão	68.0	39.6	18.7	37.5	1:1	2.1:1	Takenaka e Takenaka, 1996
EUA	67.0	36.1	12.4	-	-	2.9:1	Howe et al., 1985
Média	63.3	36.2	16.5	38.3	~1:1	2.2:1	
CV	7.00	5.96	45.5	27.7	-		

6.5.2. Conclusões da Weaver

A importância da geleia real na determinação da casta reprodutora foi enfatizada na pesquisa inovadora de Weaver (Weaver, 1957) sobre o desenvolvimento da abelha melífera. A função crucial que a geleia real desempenha neste processo é realçada pela capacidade dos ovos de abelha de amadurecerem em rainhas quando enxertados em células de rainha.

6.5.3. Análise da composição dos macronutrientes

A composição média de macronutrientes da geleia real pode ser compreendida através da análise dos dados de seis investigações (Lercker et al., 1982; Howe et al., 1985; Takenaka e Takenaka, 1996; Garcia-Amoedo e de Almeida-Muradian, 2007; Nabas et al., 2014; Wang et al., 2016). A composição média da geleia real (unidades de peso húmido) é de 63% de água, 14% de proteínas, 18% de hidratos de carbono e 6% de gordura.

6.5.4. Variabilidade e factores que influenciam a composição

Apesar da estabilidade de alguns componentes, como as proteínas e a água, a quantidade total de gordura e hidratos de carbono na geleia real varia significativamente. Nomeadamente, o componente lipídico, produzido principalmente a partir do pólen, apresenta a maior variabilidade (coeficiente de variação = 45,5). Esta variação implica que a composição lipídica das fontes de pólen floral tem um impacto significativo na quantidade que é incorporada na geleia real.

6.6. Composição de hidratos de carbono e proteínas na geleia real

As proteínas e os hidratos de carbono incluídos na geleia real são essenciais para o crescimento das abelhas melíferas. A compreensão da sua composição e do seu papel permite compreender a dinâmica nutricional das colónias de abelhas.

6.6.1. Hidratos de carbono na Geleia Real

A geleia real contém maioritariamente quantidades iguais de glucose e frutose, que são semelhantes aos hidratos de carbono do mel (Wang et al., 2016). Além disso, outros hidratos de carbono, como a sacarose, estão presentes em níveis vestigiais ou ínfimos (Lercker et al., 1986). As necessidades energéticas das larvas de abelhas durante o desenvolvimento são parcialmente satisfeitas por esta composição.

6.6.2. Principais proteínas da Geleia Real

A componente proteica da geleia real é constituída pelas proteínas principais da geleia real, que são especialmente produzidas pelas abelhas amas. Única fonte de aminoácidos vitais para o desenvolvimento das larvas, as proteínas principais da geleia real são segregadas pelas glândulas mandibulares e hipofaríngeas das abelhas amas.

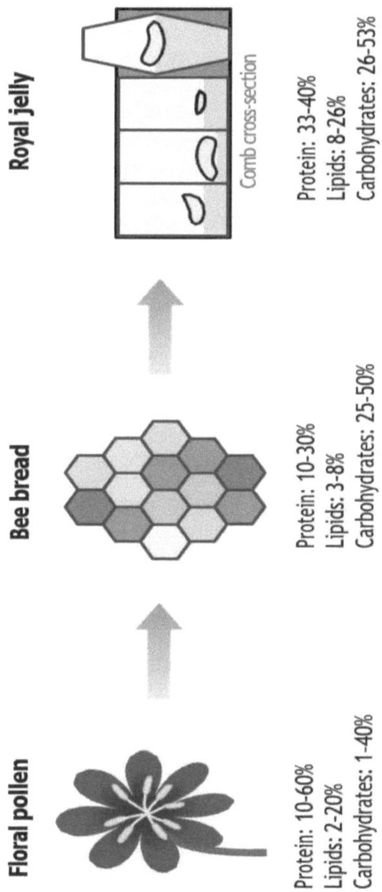

Fig.2 A transformação do pólen floral em geleia real pelas abelhas operárias adultas. As unidades são percentagens do peso seco de cada fonte de alimento.

6.6.3. Papel na determinação da casta

A função das principais proteínas da geleia real na determinação da casta é um tema de debate; a investigação sugere que um mecanismo chave para esta interação é a sua interação com alvos metabólicos (Kamakura, 2011; Huang et al., 2012). No entanto, existem descobertas inconsistentes, com outras pesquisas que não conseguiram duplicar os resultados (Buttstedt et al., 2016). As abelhas melíferas criam nove MRJPs distintas que foram identificadas usando dados genéticos, apesar de serem feitas por outros himenópteros (Buttstedt et al., 2014).

6.6.4. Alvos metabólicos e importância nutricional

Um ponto de vista diferente defende que as MRJP são decompostas durante a ingestão e reconstruídas em proteínas físicas, contrariamente às afirmações dos que defendem o seu envolvimento na determinação da casta através de interacções metabólicas. Como principal fonte de aminoácidos importantes para as abelhas melíferas durante uma grande parte do seu desenvolvimento, estas proteínas têm muito provavelmente a composição ideal de aminoácidos necessária para o crescimento e desenvolvimento do inseto.

6.7. Composição e importância da gordura na geleia real

A gordura constitui uma grande parte da geleia real e é essencial para a biologia das abelhas, especialmente para o fabrico de feromonas e para a regulação da expressão genética.

6.7.1. Teor de gordura

A geleia real tem um elevado teor de gordura; até 10% do seu peso é constituído por gordura. Estas gorduras são constituídas principalmente por ácidos gordos hidroxílicos e dicarboxílicos, que são ácidos gordos livres pouco frequentes (Ferioli et al., 2014).

6.7.1.1. Principais compostos de gordura

As duas principais substâncias que controlam o perfil lipídico da geleia real são o 10-HDA (ácido 10-hidroxi-2-decenóico) e o 10-HDAA (ácido 10-hidroxi-decanóico). Estas substâncias, que se assemelham a partes da feromona mandibular da rainha, são cruciais para a atividade e a comunicação das abelhas (Plettner et al., 1996).

6.7.1.2. Modulação epigenética

O 10-HDA, que constitui até 73% do perfil de ácidos gordos da geleia real, inibe a histona desacetilase, que afecta a expressão genética e actua como um regulador epigenético (Spannhoff et al., 2011). Nas colónias de abelhas melíferas, os processos de determinação da casta podem ser afectados por este controlo epigenético.

6.7.2. Composição de micronutrientes e esteróis na geleia real

A geleia real fornece micronutrientes importantes que apoiam o crescimento e a saúde das abelhas, para além dos macronutrientes. Estes incluem compostos fenólicos, vitaminas, minerais e esteróis.

6.7.2.1. Teor de esteróis

Cerca de 0,5% do peso húmido da geleia real é composto por esteróides. O 24-metileno colesterol é o esterol mais frequente na geleia real, constituindo cerca de 70% de todos os esteróis. Outros esteróis comuns incluem o 5-avenasterol e o β-sitosterol. Estes esteróis provêm de fontes vegetais específicas das quais as abelhas recolhem o pólen (Lercker et al., 1982; Ferioli et al., 2014).

6.7.2.2. Origem dos esteróis

As abelhas obtêm esteróis das fontes vegetais de pólen que recolhem quando procuram alimento, apesar de não serem capazes de sintetizar esteróis por si próprias. Foi demonstrado que a geleia real contém uma variedade de esteróis gerados a partir do pólen, incluindo colesterol, estigmasterol e isofucosterol. Este facto indica a variedade de fontes florais que as abelhas utilizam (Lercker et al., 1982; Kodai et al., 2007).

6.8. Papel dos compostos específicos na diferenciação de castas

A investigação sobre o papel que estas substâncias específicas da geleia real desempenham na formação de castas nas abelhas melíferas ainda está a dar os primeiros passos e é influenciada por uma série de variáveis, incluindo moléculas de microRNA, pólen floral e rácios nutricionais.

6.8.1. Influência do pólen floral e dos microRNAs

Em investigações recentes, foram encontradas no pólen floral moléculas de microRNA que podem interferir com as principais vias metabólicas. As larvas de abelhas melíferas que foram alimentadas com microRNAs específicos do pólen na geleia real amadureceram em adultos com características semelhantes às das operárias, como tamanho reduzido, menos ovariolos e uma taxa de crescimento mais lenta (Zhu et al., 2017).

6.8.2. Rácios de nutrientes e diferenciação de castas

A distribuição proporcional dos nutrientes na geleia real, especificamente o seu elevado teor de hidratos de carbono, pode ter impacto na distinção entre castas. A investigação indica que as larvas alimentadas com uma geleia real mais rica em hidratos de carbono têm uma maior probabilidade de se tornarem rainhas ou pessoas com características semelhantes às rainhas (Asencot e Lansky, 1988; Kaftanoglu et al., 2011).

6.8.3. Comparação das secreções

As primeiras investigações examinaram as secreções dadas aos operários (geleia de operária) e às rainhas (geleia real), sugerindo que a diferença de castas era influenciada pelo rácio entre as secreções das glândulas mandibulares e hipofaríngeas (Jung-Hoffman, 1966). No entanto, este conceito carece de apoio de análises químicas e de investigações laboratoriais.

6.8.4. Consideração de múltiplos factores

O valor nutricional do alimento (pólen versus geleia real), a quantidade de alimento fornecido e a existência de microRNAs que obstruem as vias metabólicas são provavelmente algumas das variáveis que contribuem para a distinção de castas. Se a geleia real é qualitativamente diferente da geleia fornecida às larvas de operárias durante o seu crescimento inicial será revelado por mais pesquisas que investiguem minuciosamente estas secreções.

6.9. Alimentação dos trabalhadores adultos

6.9.1. Regulação dos macronutrientes em abelhas operárias adultas

O estudo das necessidades alimentares e dos processos reguladores das abelhas operárias adultas é essencial para compreender a sua saúde e produtividade globais.

6.9.1.1. Aplicação do quadro geométrico

A utilização da estrutura geométrica (Behmer, 2009; Simpson e Raubenheimer, 2012) lançou uma luz importante sobre a forma como as abelhas melíferas regulam a ingestão de macronutrientes. Os estudos geralmente envolvem a alimentação de trabalhadores recém-emergentes em gaiolas com refeições que diferem em termos de proporção de proteínas e carboidratos (P: C). Os estudos de não-escolha que utilizam dietas únicas mostram as consequências para o desempenho de se afastar dos objectivos de ingestão (óptimos nutricionais), enquanto os ensaios de escolha que utilizam dietas complementares desequilibradas estabelecem esses objectivos.

6.9.1.2. Objectivos de ingestão e variação

Os objectivos de ingestão das abelhas melíferas, representados como rácios P: C, estão inclinados para os hidratos de carbono devido à sua dieta rica em néctar. Os objectivos mudam consoante a fonte de proteína, mas não com toxinas adicionais. Nomeadamente, as abelhas lactantes apresentam taxas de sobrevivência inferiores quando alimentadas com dietas à base de geleia real. Além disso, os objectivos de consumo mudam à medida que as obreiras envelhecem e, com o tempo, têm-se observado alterações notáveis na proporção de aminoácidos essenciais (EAA) e hidratos de carbono (C).

6.9.1.3. Efeitos na sobrevivência

Os efeitos de redução do tempo de vida das proteínas observados noutras espécies são confirmados quando os animais são restringidos a dietas ricas em proteínas ou aminoácidos essenciais, o que afecta drasticamente a sobrevivência. Tanto nas abelhas como nas formigas, observou-se que os aminoácidos livres reduzem mais o tempo de vida do que as proteínas completas.

6.9.1.4. Regulação das gorduras alimentares

A investigação primária sobre os zangões tem-se centrado na gestão dos lípidos da dieta das abelhas melíferas. Quando os hidratos de carbono são fornecidos livremente, estas investigações centram-se geralmente no controlo simultâneo da gordura e da proteína. Os testes de preferência das abelhas mostram que certos rácios proteína/lípido (P: L) são favorecidos. Estas preferências reflectem-se, nomeadamente, na relação P: L do pólen que as colónias de abelhas recolhem no campo, o que indica uma possível importância para a nutrição das abelhas.

6.9.2. Necessidades de micronutrientes das abelhas

Para a saúde e o bem-estar geral das abelhas, incluindo as abelhas melíferas e outras espécies, é crucial compreender as suas necessidades em micronutrientes.

6.9.2.1. Conhecimento limitado

Sabe-se relativamente menos sobre as necessidades de micronutrientes de outras espécies de abelhas, bem como das abelhas melíferas (Black, 2006; Brodschneider e Crailsheim, 2010). A fim de promover a saúde das abelhas e o desenvolvimento das colónias, esta lacuna de conhecimentos realça a importância de mais estudos neste domínio.

6.9.2.2. Preferência por fontes de água salgada

As fontes de água salgada são preferidas pelas abelhas melíferas, especialmente as que contêm sódio (Lau e Nieh, 2016.). Esta preferência enfatiza a importância do sódio na sua dieta e a necessidade de ter em conta os requisitos minerais ao estudar a nutrição das abelhas.

6.9.2.3. Papel dos micróbios das abelhas

Os microrganismos das abelhas (Kwong e Moran, 2016) têm a capacidade de produzir vitaminas vitais para uso humano, que o pólen pode não ser capaz de fornecer. A função dos simbiontes microbianos na nutrição e saúde das abelhas pode ser esclarecida através de mais investigação neste domínio.

6.9.2.4. Necessidades em esteróis

Os insectos necessitam de esteróis como parte da sua dieta, mas pouco se sabe sobre as necessidades de esteróis das abelhas. O desenvolvimento da abelha melífera e a síntese hormonal dependem de dietas que contenham esteróis derivados do pólen, como o 24-metileno colesterol, que foi determinado pela investigação inicial levada a cabo pelos laboratórios do Departamento de Agricultura dos EUA (Svoboda e Lusby, 1986). Este facto realça uma lacuna no nosso conhecimento da dieta das abelhas, uma vez que as necessidades de esteróis de outras espécies de abelhas são ainda, na sua maioria, desconhecidas.

6.9.3. Alterações fisiológicas em abelhas amas que fazem a transição para forrageiras

A clarificação dos elementos subjacentes a esta mudança de comportamento nas abelhas amas requer uma compreensão das alterações fisiológicas que ocorrem quando estas se tornam forrageadoras.

6.9.3.1. Redução das glândulas hipofaríngeas

As glândulas hipofaríngeas, essenciais para a produção de geleia real, diminuem de tamanho e de atividade quando as abelhas amas se tornam forrageadoras (Robinson, 2002). Esta diminuição indica uma mudança no gasto de energia das abelhas forrageiras para as abelhas amas.

6.9.3.2. Alterações na morfologia cerebral e na neuroquímica

Quando uma pessoa passa da fase de amamentação para a fase de forrageamento, ocorrem alterações na expressão dos genes, na neuroquímica e na morfologia do cérebro (Robinson, 2002). As capacidades cognitivas e os comportamentos relacionados com a procura de alimentos são provavelmente desenvolvidos em resultado destas alterações.

6.9.3.3. Adaptações dos músculos de voo

As forrageadoras criam mais potência metabólica e aerodinâmica através de modificações na expressão genética e na bioquímica dos seus músculos voadores (Roberts e Elekonich, 2005). Com a ajuda destas adaptações, as forrageadoras podem percorrer grandes distâncias em busca de recursos florais.

6.9.3.4. Diferenças fisiológicas entre abelhas amas e forrageiras

A fisiologia das abelhas amas difere da das forrageadoras; estas variações incluem maiores reservas de lípidos nos seus corpos gordos, proteínas sanguíneas mais elevadas e glândulas hipofaríngeas mais desenvolvidas (Crailsheim, 1986; Brodschneider e Crailsheim, 2010). A depleção das reservas de lípidos antes do início da procura de alimentos sugere uma mudança metabólica para acomodar as necessidades energéticas acrescidas durante as actividades de procura de alimentos.

7. NUTRIÇÃO AO NÍVEL DAS COLÓNIAS

Para compreender os efeitos nutricionais nas colónias de abelhas melíferas é necessário considerar a colónia como um superorganismo, uma vez que os efeitos ao nível de cada abelha podem não se traduzir necessariamente em resultados ao nível da colónia.

7.1. Concentração de proteínas na hemolinfa como indicador

Embora a concentração de proteínas na hemolinfa das abelhas amas em gaiolas possa indicar a eficiência da digestão das proteínas (Cremonez et al., 1998), esta métrica pode não refletir o estado nutricional ao nível da colónia. Por exemplo, alimentar as colónias durante vários meses com dietas artificiais ou pólen não afectou as concentrações de proteínas na hemolinfa das abelhas amas nas colónias ou o tamanho da população da colónia. No entanto, as colónias alimentadas com dietas artificiais tiveram a saúde comprometida, maiores perdas de rainhas e aumento das taxas de infeção por Nosema (DeGrandi-Hoffman et al., 2016).

7.2. Discrepâncias entre abelhas em gaiolas e colónias

As necessidades proteicas observadas nas abelhas em gaiolas, mesmo com a presença de criação, podem diferir das das colónias em condições naturais (Zheng et al., 2014). Isto sugere que as necessidades nutricionais e as respostas das abelhas individuais em ambientes artificiais podem não representar totalmente as das colónias no seu ambiente natural.

7.3. Necessidade de estudos a nível das colónias

Embora os estudos de nutrição das abelhas sejam tipicamente conduzidos utilizando pequenas unidades de abelhas (Brodschneider e Crailsheim, 2010), é essencial complementar estes estudos com investigação conduzida ao nível da colónia. Compreender o impacto da nutrição em colónias inteiras proporciona uma visão mais abrangente da saúde e da produtividade das abelhas.

7.4. Influência da composição do regime alimentar na saúde e no comportamento das abelhas

A otimização da nutrição das abelhas e da produtividade total da colónia requer uma compreensão do impacto da composição da dieta das abelhas na saúde, no comportamento e na dinâmica da colónia.

7.4.1. Benefícios da dieta polifloral

Em geral, as dietas poliflorais são superiores às dietas monoflorais em termos de nutrição para as abelhas, o que beneficia a sua longevidade, saúde e imunocompetência (Alaux et al., 2010; Di Pasquale et al., 2013). No entanto, um fator importante na determinação do conteúdo nutricional das dietas poliflorais é também a composição particular dos elementos polínicos.

7.4.2. Regulação da ingestão de nutrientes em abelhas em gaiolas

As experiências com abelhas em gaiolas mostram que a sua ingestão é regulada de acordo com um rácio específico de hidratos de carbono e aminoácidos necessários (Archer et al., 2014; Paoli et al., 2014). Mesmo em ambientes regulados, as abelhas são capazes de manter uma dieta equilibrada graças a este mecanismo de regulação.

7.4.3. Preconceito de forrageamento ao nível da colónia

As actividades de forrageamento ao nível das colónias são orientadas para fontes que complementam os défices alimentares (Hendriksma e Shafir, 2016). A investigação indica que as forrageadoras escolhem ativamente fontes de ácidos gordos e aminoácidos vitais para complementar a dieta da colónia (Hendriksma e Shafir, 2016; Zarchin et al., 2017).

7.4.4. Desafios no estudo da nutrição de colónias inteiras

Embora a utilização de estruturas como a estrutura geométrica para compreender a nutrição de toda a colónia possa aumentar a nossa compreensão da regulação da colónia, a realização de tais investigações é difícil devido aos desafios associados à gestão das proporções de nutrientes no sustento fornecido às abelhas necrófagas.

8. PONTOS DE SÍNTESE E QUESTÕES FUTURAS

8.1. Fontes de nutrição e papéis das abelhas

A colónia de abelhas melíferas é alimentada através da recolha de néctar e pólen, que são depois transformados pelas glândulas das jovens abelhas operárias em mel e pão de abelha e, finalmente, em geleia real. As abelhas amas são essenciais para o sustento da colónia porque comem o pólen e fornecem geleia real às outras abelhas. A importância e a composição da geleia real são essenciais para o crescimento das colónias.

8.2. Mudança fisiológica e comportamento de forrageamento

Ao longo da sua vida, as abelhas operárias passam por castas comportamentais e sofrem alterações fisiológicas importantes que afectam as suas necessidades alimentares, tornando-as mais dependentes dos hidratos de carbono. Para atingir a suficiência nutricional e garantir que dispõem de todos os nutrientes necessários para a colónia, as abelhas melíferas alimentam-se de uma grande variedade de espécies vegetais. No entanto, não se sabe exatamente de que forma a atividade de recolha de alimentos das forrageiras reflecte as necessidades nutricionais da colónia.

8.3. Questões futuras

8.3.1. Compreender as interacções entre stressores

É necessária mais investigação para compreender melhor a base molecular das interacções entre a fome e outros factores de stress, incluindo herbicidas, doenças e parasitas como o Nosema e os ácaros Varroa.

8.3.2. Estudos de campo a longo prazo

São desesperadamente necessários estudos de campo a longo prazo ao nível das colónias para complementar os estudos nutricionais a curto prazo em pequenos grupos de abelhas.

8.3.3. Papel do microbiota

Para uma compreensão completa, é necessária mais investigação para compreender a função do pão de abelha e da microbiota no estômago da abelha em relação à nutrição da abelha.

8.3.4. Diferenças químicas na Geleia Real

Os elementos específicos essenciais para a separação das castas de abelhas melíferas podem tornar-se mais claros através da identificação de eventuais variações químicas entre a geleia real e a geleia dada às operárias.

8.3.5. Base nutricional da alimentação suplementar

O valor nutricional dos suplementos proteicos é desconhecido, apesar da utilização generalizada da alimentação suplementar. Este facto exige uma abordagem mais sensata baseada na fisiologia e ecologia das abelhas melíferas.

9. CONCLUSÃO

A análise da fisiologia da alimentação e das nuances ecológicas das abelhas melíferas revela a função vital que estes animais fantásticos desempenham nas nossas cadeias alimentares e ecossistemas. Para além de ajudarem a sustentar-se a si próprias, os complexos hábitos de procura de alimento e os processos metabólicos das abelhas melíferas também ajudam na polinização de numerosas espécies de plantas, promovendo a biodiversidade e a segurança alimentar. Os esforços de conservação eficazes e as práticas de apicultura sustentáveis dependem fundamentalmente da nossa capacidade de compreender as suas necessidades nutricionais e ligações ecológicas. Esta informação é cada vez mais importante à medida que lidamos com questões como a perda de habitat, a exposição a pesticidas e as alterações climáticas. A saúde e a resiliência das populações de abelhas melíferas podem ser apoiadas, acabando por proteger o delicado equilíbrio do nosso mundo natural, através do cultivo de ambientes ricos em diversidade de fontes florais e da minimização dos factores de stress. A adoção de uma estratégia abrangente realça a necessidade de proteger os contributos essenciais destes polinizadores trabalhadores para os ecossistemas de todo o mundo, bem como a nossa ligação a eles.

10. REFERÊNCIAS

Afik, O., A. Dag, Z. Kerem e S. Shafir. 2006. Análise das propriedades do néctar de abacate (Persea americana) e sua perceção pelas abelhas (Apis mellifera). Journal of Chemical Ecology, **32**: 949-1963.

Afik, O e S. Shafir. 2007. Efeito da temperatura ambiente na carga de culturas na abelha melífera

Apis mellifera (Hymenoptera: Apidae). Entomologia Generalis, **29**: 135-148.

Alaux, C., F. Ducloz, D. Crauser e Y. Le Conte. 2010. Efeitos da dieta na imunocompetência das abelhas. Biology Letters, **6**: 562-565.

Alqarni, A. S. 2006. Tolerância à temperatura estival em raças de abelhas Apis mellifera L. importadas e autóctones no centro da Arábia Saudita. Saudi Journal of Biological Sciences, **13**(2): 123-127.

Anderson, K. E., M. J. Carroll, T. Seehan, B. M. Mott, P. Maes e V. Corby-Harris. 2014. Pólen armazenado em colmeias de abelhas melíferas: Muitas linhas de evidência são consistentes com a preservação do pólen, não com a conversão de nutrientes. Molecular Ecology, **23**: 5904-5917.

Archer, C. R., A. Kohler, C. W. W. Pirk, V. Oosthuizen, Z. Apostolides e S. W. Nicolson. 2014. A suplementação de antioxidantes pode reduzir os custos de sobrevivência do excesso de ingestão de aminoácidos em abelhas. Jornal de Fisiologia de Insectos, **71**: 78-86.

Arien, Y., A. Dag, S. Zarchin, T. Masci e S. Shafir. 2015. A deficiência de ómega 3 prejudica a aprendizagem das abelhas. Actas da Academia Nacional de Ciências, **112**: 15761-15766. Asencot, M e Y. Lansky. 1988. The effect of soluble sugars in stored royal jelly on the differentiation of female honeybee (Apis mellifera L.) larvae to queens. Insect Biochemistry, **18**: 127-133.

Avni, D., A. Dag e S. Shafir. 2009. Fontes de pólen para abelhas melíferas em Israel: origem, períodos de escassez e influência no crescimento da população.

Israel Journal of Plant Sciences, **57**: 263-275.

Avni, D., H. P. Hendriksma, A. Dag, Z. Uni e S. Shafir. 2014. Aspectos nutricionais do pólen coletado pelas abelhas e restrições ao desenvolvimento de colônias no leste do Mediterrâneo. Jornal de Fisiologia de Insectos, **69**: 65-73.

Babendreier, D., N. Kalberer, J. Romeis, P. Fluri e F. Bigler. 2004. Consumo de pólen em larvas de abelhas melíferas: um passo em frente na avaliação do risco das plantas transgénicas. Apidologie, **35**: 293-300.

Baker, H. G. 1977. Non-sugar chemical constituents of nectar. Apidologie, **8**: 349-356.

Baum, K. A., W. L. Rubink, R. N. Coulson e V. M. Bryant. 2004. Seleção de pólen por colónias de abelhas ferozes (Hymenoptera: Apidae) numa paisagem de pradaria costeira. Environmental Entomology, **33**: 727-739.

Behmer, S. T. 2009. Regulação de nutrientes de herbívoros de insectos. Revisão Anual de Entomologia, **54**: 165-187.

Billiet, A., I. Meeus, F. Van Nieuwerburgh, D. Deforce, F. Wackers e G. Smagghe. 2017. O contato com a colônia contribui para a diversidade de bactérias intestinais em abelhas (Bombus terrestris). Ciência dos Insectos, **24**: 270-277.

Black, J. 2006. Honeybee nutrition: review of research and practices. Rural Industries Research and Development Corporation. Canberra.

Bonvehi, J. S e R. E. Jorda. 1997. Nutrient composition and microbiological quality of honeybee-collected pollen in Spain. Journal of Agricultural and Food Chemistry, **45**: 725-732.

Brodschneider, R e K. Crailsheim. 2010. Nutrition and health in honey bees. Apidologie, **41**: 278-294.

Buttstedt, A., C. H. Ihling, M. Pietzsch e Moritz, R. F. A. 2016. Royalactin não é um real fazendo de uma rainha. Natureza, **537**: E10-E12.

Buttstedt, A., R. F. A. Moritz e S. Erler. 2014. Origem e função das principais proteínas da geleia real da abelha (Apis mellifera) como membros da família do

gene amarelo. Biological Reviews, **89**: 255-269.
Camazine, S. 1991. Formação de padrões auto-organizados nos favos das colónias de abelhas.

Behavioral Ecology and Sociobiology, **28**: 61-76.

Carroll, M. J., N. Brown, C. Goodall, A. M. Downs, T. H. Sheenan e K. E. Anderson. 2017. As abelhas melíferas consomem preferencialmente pólen recém-armazenado. PLOS ONE, **12**: e0175933. Crailsheim, K., L. H. W. Schneider, N. Hrassnigg, G. Buhlmann e U. Brosch. 1992. Pollen consumption and utilization in worker honeybees: dependence on individual age and função. Journal of Insect Physiology, **38**: 409-419.

Crailsheim, K. 1991. Alimentação interadulta de geleia em colónias de abelhas (Apis mellifera L.). Journal of Comparative Physiology B, **161**: 55-60.

Crailsheim, K. 1998. Interacções trofalácticas na abelha adulta (Apis mellifera L.).Apidologie, **29**: 97-112.

Crailsheim, K. 1986. Dependência do metabolismo proteico da idade e da estação do ano na abelha melífera (Apis mellifica carnica Pollm). Journal of Insect Physiology, **32**: 629-634.
Crailsheim, K. 1990. The protein balance of the honey bee worker. Apidologie, **21**: 417-429.

Crailsheim, K. 1992. The flow of jelly within a honeybee colony. Journal of comparative Physiology B, **162**: 681-689.
Crailsheim, K. 1990. The protein balance of the honey bee worker. Apidologie, **21**: 417-429. Crailsheim, K., L. H. W. Schneider, N. Hrassnigg, G. Buhlmann, U. Brosch, R. Gmeinbauer e B. Schoffmann. 1992. Consumo e utilização de pólen em abelhas operárias
(Apis mellifera carnica) em função da idade e da função do indivíduo. Jornal de Fisiologia de Insectos, **38**: 409-419.

Cremonz, T. M., D. De Jong e M. M. Bitondi. 1998. Quantification of haemolymph proteins as a fast method for testing protein diets for honey bees (Hymenoptera: Apidae). Journal of economic entomology, **91**(6): 1284-1289.

Day, S., R. Beyer, A. Mercer e S. Ogden. 1990. The nutrient composition of honeybee- collected pollen in Otago, New Zealand. Journal of Apicultural Research, **29**: 138-46.

De Groot, A.P. 1953. Necessidades de proteínas e aminoácidos da abelha (Apis mellifica L.).

Physiologia comparata et oecologia, **3**: 197-285.

DeGrandi-Hoffman, G., Y. P. Chen, R. Rivera, M. Carroll e M. Chambers. 2016. As colónias de abelhas melíferas alimentadas com forragem natural têm menor carga de agentes patogénicos e maior sobrevivência no inverno do que as alimentadas com suplementos proteicos. Apidologie, **47**: 186-96.

Detzel, A e M. Wink. 1993. Atração, dissuasão ou intoxicação de abelhas (Apis mellifera) por aleloquímicos de plantas. Chemoecology, **4**: 8-18.

Di Pasquale, G., M. Salignon, Y. Le Conte, L.P. Belzunces e A. Decourtye. 2013. Influência da nutrição do pólen na saúde da abelha melífera: A qualidade e a diversidade do pólen são importantes? PLOS ONE, **8**: e72016.

Dobson, H. E. M. 1988. Survey of pollen and pollenkitt lipids-chemical cues to flower visitors?

American Journal of Botany, **75**: 170-82.

Doner, L. 1977. The sugars of honey - a review. Journal of the Science of Food and Agriculture, **28**: 443-56.

Donkersley, P., G. Rhodes, R.W. Pickup, K.C. Jones e K. Wilson. 2014. A nutrição das abelhas está ligada à composição da paisagem. Ecologia e Evolução, **4**: 4195-206.

Drezner-Levy, T., B. H. Smith e S. Shafir. 2009. The effect of foraging specialization on various learning tasks in the honey bee (Apis mellifera).

Behavioral Ecology and Sociobiology, **64**: 135-148.

Eyer, M., P. Neumann e V. Dietemann. 2016. Um olhar para dentro da célula: armazenamento de mel em abelhas melíferas, Apis mellifera. PLOS ONE, **11**(8): e0161059.

Ferioli, F., E. Armaforte e M. F. Caboni. 2014. Comparação do teor lipídico, perfil de ácidos gordos e composição de esteróis em amostras locais de geleia real italiana e comercial. Journal of the American Oil Chemists' Society, **91**: 875-884.

Fewell, J. H e M. L. Winston. 1992. Colony state and regulation of pollen foraging in the honey bee, Apis mellifera L. Behavioral Ecology and Sociobiology, **30**: 387-393.

Fischer, M. K e A. W. Shingleton. 2001. A planta hospedeira e as formigas influenciam a composição do açúcar da melada dos afídeos. Functional Ecology, **15**: 544-550.

Garcia-Amoedo, L. H e L. B. de Almeida-Muradian. 2007. Composição físico-química da geleia real pura e adulterada. Quimica Nova, **30**: 257-259.

Gardener, M. C e M. P. Gillman. 2001. Analyzing variability in nectar amino acids: Composition is less variable than concentration. Journal of Chemical Ecology, **27**: 2545-2558.

Gardener, M. C e M. P. Gillman. 2002. The taste of nectar-a área negligenciada da ecologia da polinização. Oikos, **98**: 552-557.

Gilliam, M. 1997. Identification and roles of non-pathogenic microflora associated with honey bees. FEMS Microbiology Letters, **155**: 1-10.

Gmeinbauer, R e K. Crailsheim. 1993. Glucose utilization during flight of honeybee (Apis mellifera) workers, drones and queens. Journal of Insect Physiology, **39**: 959-967.

Goulson, D. (2003). Bumblebees: their behaviour and ecology. Oxford University Press, EUA. Haydak, M. H. 1970. Honey bee nutrition. Annual Review of Entomology, **15**: 143-156.

Hendriksma, H. P., K. L. Oxman e S. Shafir. 2014. Trocas de aminoácidos e carboidratos por forrageiras de néctar de abelha e suas implicações para as interações planta-polinizador. Journal of Insect Physiology, **69**: 56-64.

Hendriksma, H. P e S. Shafir. 2016. As forrageadoras de abelhas melíferas equilibram as deficiências nutricionais das colónias. Behavioral Ecology and Sociobiology, **70**: 509-517.

Herbert, E. W e H. Shimanuki. 1978. Chemical composition and nutritive value of bee- collected and bee-stored pollen. Apidologie, **9**: 33-40.

Hocherl, N., R. Siede, I. Illies, H. Gatschenberger e J. Tautz. 2012. Avaliação do valor nutritivo do milho para as abelhas melíferas. Journal of Insect Physiology, **58**: 278-285.

Howe, S. R., P. S. Dimick e A. W. Benton. 1985. Composition of freshly harvested and commercial royal jelly (Composição da geleia real recém-colhida e comercial). Journal of Apicultural Research, **24**: 52-61.

Hrassnigg, N e K. Crailsheim. 1998. Adaptação do desenvolvimento da glândula hipofaríngea ao estado da criação das colónias de abelhas (Apis mellifera L.). Journal of Insect Physiology, **44**: 929-939.

Huang, C.Y., L. L. Chi, W. J. Huang, Y. W. Chen e W. J. Chen. 2012. Efeito estimulante do crescimento em larvas de abelha rainha de inibidores de histona desacetilase. Jornal de Química Agrícola e Alimentar, **60**: 6139-6149.

Human, H., S. W. Nicolson, K. Strauss, C. W. W. Pirk e V. Dietemann. 2007. Influence of pollen quality on ovarian development in honeybees (Apis mellifera scutellata). Journal of Insect Physiology, **53**: 649-655.

Human, H e S. W. Nicolson. 2006. Nutritional content of fresh, bee-collected and stored pollen of Aloe greatheadii var. davyana (Asphodelaceae). Phytochemistry, **67**: 1486- 1492.

Johnson, R. M., M. D. Ellis, C. A. Mullin e M. Frazier. 2010. Pesticides and honey bee toxicity - U.S.A. Apidologie, **41**: 312-331.

Joshi, N. C e P. C. Joshi. 2010. Foraging behaviour of Apis spp. on apple flowers in a subtropical environment (Comportamento de forrageamento de Apis spp. em flores de maçã num ambiente subtropical). New York Science Journal, **3**(3): 71-76.

Jumarie, C., P. Aras e M. Boily. 2017. As misturas de herbicidas e metais afectam o sistema redox das abelhas melíferas. Chemosphere, **168**: 163-170.

Jung-Hoffman, I. 1966. Die Determination von Konigin und Arbeiterin der Honigbiene. Z.

Bienenforsch, **8**: 296-322.

Kaftanoglu, O., T. A. Linksvayer e R. E. Page Jr. 2011. Criação de abelhas Apis mellifera in vitro I: Efeitos das concentrações de açúcar na sobrevivência e no desenvolvimento. Journal of Insect Science, **11**(1): 96.

Kamakura, M. 2011. Royalactin induz a diferenciação de rainhas em abelhas melíferas. Genes e Sistemas Genéticos, **86**(1): 384.

Keller, I., P. Fluri e A. Imdorf. 2005. Pollen nutrition and colony development in honey bees: Parte I. Bee World, **86**: 3-10.

Kodai, T., K. Umebayashi, T. Nakatani, K. Ishiyama e N. Noda. 2007. Composições da geleia real II. Glicosídeos ácidos orgânicos e esteróis da geleia real de abelhas (Apis mellifera). Boletim Químico e Farmacêutico, **55**: 1528-1531.

Kwakman, P. H. S., A. A. te Velde, L. de Boer, D. Speijer, C. M. J. E Vandenbroucke-Grauls e S. A. J. Zaat. 2010. Como o mel mata as bactérias. The FASEB Journal, **24**: 2576- 2582.

Kwong, W. K e N. A. Moran. 2016. Comunidades microbianas intestinais de abelhas sociais. Nature Reviews Microbiology, **14**: 374-384.

Lass, A e Crailsheim, K. 1996. Influence of age and caging upon protein metabolism, hypopharyngeal glands and trophallactic behaviour in the honey bee (Apis mellifera L.). Insectes Sociaux, **43**: 347-358.

Lau, P. W e J. C. Nieh. 2016. Preferências salinas das forrageadoras de água de

abelhas melíferas. Journal of Experimental Biology, **219**: 790-796.
Lee, F. J., D. B. Rusch, F. J. Stewart, H. R. Mattile e I. L. G. Newton. 2014. Quebra e fermentação de sacarídeos pelo microbioma intestinal da abelha melífera. Environmental Microbiology, **17**: 796-815.
Leonhardt, S. D e N. Bluthgen. 2011. The same, but different: pollen foraging in honeybee and bumblebee colonies. Apidologie, **43**: 449-464.
Lercker, G., P. Capella, L. S. Conte, F. Ruini e G. Giordani. 1982. Componentes da geleia real

II. A fração lipídica, hidrocarbonetos e esteróis. Journal of Apicultural Research, **21**: 178-184.
Lercker, G., S. Savioli, M. A. Vecchi, A. G. Sabatini, A. Nanetti e L. Piana. 1986. Determinação de hidratos de carbono em geleia real por cromatografia gasosa de alta resolução (HRGC). Food Chemistry, **19**: 255-264.
London-Shafir, I., S. Shafir e D. Eisikowitch. 2003. Amygdalin in almond nectar and pollen- facts and possible roles. Plant Systematics and Evolution, **238**: 87-95.
Manning, R. 2001. Fatty acids in pollen: A review of their importance for honey bees. Bee World, **82**: 60-75.
Mao, W., M. A. Schuler e M. R. Berenbaum. 2013. Os constituintes do mel regulam positivamente os genes de desintoxicação e imunidade na abelha Apis mellifera ocidental. Actas da Academia Nacional de Ciências, **110**: 8842-8846.
Maurizio, A. 1950. Untersuchungen über den Einfluss der Pollennahrung und Brutpflege auf die Lebensdauer und den physiologischen Zustand von Bienen. Schweizerische Bienen-Zeitung, **73**: 58-64.
Michener, C. D. 2000. he bees of the world. he Johns Hopkins University Press. Baltimore,**14**(1): 16.

Moritz, B e K. Crailsheim. 1987. Physiology of protein digestion in the midgut of the honeybee (Apis mellifera L.). Journal of Insect Physiology, **33**: 923-931.

Naug, D. 2009. Nutritional stress due to habitat loss may explain recent honeybee colony collapsses. Biological Conservation, **142**: 2369-2372.

Nabas, Z., M. S. Haddadin, J. Haddadin e I. K. Nazer. 2014. Composição química da geleia real e efeitos do simbiótico com duas estirpes probióticas diferentes isoladas localmente nas actividades antioxidantes. Revista Polaca de Ciências da Alimentação e Nutrição, **64**(3).

Nicolson, S. W e H. Human. 2008. Bees get a head start on honey production. Biology Letters, **4**: 299-301.

Nicolson, S. W e R. W. Thornburg. 2007. Química do néctar. Em Nectaries and nectar, pp: 215-264.

Nicolson, S. W. 2011. Alimentação das abelhas: A química e o valor nutricional do néctar, do pólen e das misturas dos dois. African Zoology, **46**: 197-204.

O'Rourke, M. K e S. L. Buchmann. 1991. Standardized analytical techniques for bee- collected pollen. Environmental Entomology, **20**(2): 507-513.

Oertel, E., E. A. Fieger, V. R. Williams e E. A. Andrews. 1951. Inversion of cane sugar in the honey stomach of the bee. Journal of Economic Entomology, **44**(3): 487-492.

Ostwald, M. M., M. L. Smith e T. D. Seeley. 2016. A regulação comportamental da sede, recolha de água e armazenamento de água em colónias de abelhas melíferas. Jornal de Biologia Experimental, **219**(14): 2156-2165.

Page, R. E. 2013. O espírito da colmeia: os mecanismos da evolução social. Harvard University Press.

Paoli, P. P., D. Donley, D. Stabler, A. Saseendranath, S. W. Nicolson e S. J. Simpson. 2014. O equilíbrio nutricional de aminoácidos essenciais e carboidratos da abelha operária adulta depende da idade. Aminoácidos, **46**(6): 1449-1458.

Park, W. 1925. The storing and ripening of honey by honeybees (O armazenamento e a maturação do mel pelas abelhas). Journal of Economic Entomology, **18**(2): 405-410.

Peng, Y.S., M. E. Nasr e J. M. Marston. 1986. Libertação do citoplasma do pólen de alfafa, Medicago sativa, no intestino da abelha Apis mellifera (Hymenoptera: Apidae). Annals of the Entomological Society of America, **79**(5): 804-807.

Pernal, S. F e Currie, R. W. 2000. Qualidade polínica de dietas de pólen fresco e de pólen único com 1 ano de idade para abelhas operárias (Apis mellifera L.). Apidologie, **31**(3): 387-409.

Pernal, S. F. e R. W. Currie. 2001. The influence of pollen quality on foraging behaviour in honeybees (Apis mellifera L.). Behavioural Ecology and Sociobiology, **51**: 53-68.

Petanidou, T., A. van Laere, W. N. Ellis e E. Smets. 2006. What shapes amino acid and sugar composition in Mediterranean floral nectars? Oikos, **115**(1): 155-169.

Plettner, E., K. N. Slessor, M. L. Winston e J. E. Oliver. 1996. Biossíntese de feromonas selectivas de castas nas abelhas. Science, **271**(5257): 1851-1853.

Podriznik, B e J. Bozic. 2016. Maturação e estratificação da atividade antibacteriana e conteúdo fenólico total do pão de abelha em células de favo de mel. Journal of Apicultural Research, **54**(1): 81-92.

Powell, J. E., V. G. Martinson, K. Urban-Mead e N. A. Moran. 2014. Rotas de aquisição da microbiota intestinal da abelha Apis mellifera. Microbiologia Aplicada e Ambiental, **80**(23): 7378-7387.

Requier, F., J. F. Odoux, T. Tamic, N. Moreau, M. Henry, A. Decourtye e V. Bretagnolle. 2015. A dieta da abelha melífera em habitats de terras agrícolas intensivas revela uma riqueza floral inesperadamente elevada e um papel importante das ervas daninhas. Ecological Applications, **25**(4): 881-890.

Reyes-Carrillo, J. L., F. A. Eischen, P. Cano-Rios, R. Rodriguez-Martinez e U. Nava Camberos. 2007. Recolha de pólen e distribuição de forrageadoras de abelhas melíferas em melão. Ata zoologica mexicana, **23**(1): 29-36.

Roberts, S. P e M. A. Elekonich. 2005. Muscle biochemistry and the ontogeny of flight capacity during behavioural development in the honey bee, Apis mellifera. Journal of Experimental Biology, **208**(22): 4193-4198.

Robinson, G. E e R. E. Page. 1989. Genetic determination of nectar foraging, pollen foraging, and nest-site scouting in honey bee colonies. Behavioral Ecology and Sociobiology, **24**(5): 317-323.

Robinson, G. E. 2002. Genómica e análises integrativas da divisão do trabalho nas colónias de abelhas. The American Naturalist, **160**(S6): S160-S172.

Roubik, D. W e S. L. Buchmann. 1984. Nectar selection by Melipona and Apis mellifera (Hymenoptera: Apidae) and the ecology of nectar intake by bee colonies in a tropical forest. Oecologia, **61**(1): 1-10.

Roulston, T. H e S. L. Buchmann. 2000. A phylogenetic reconsideration of the pollen starch- pollination correlation. Evolutionary Ecology Research, **2**(5): 627-643

Roulston, T. H., J. H. Cane e S. L. Buchmann. 2000. What governs protein content of pollen: pollinator preferences, pollen-pistil interactions, or phylogeny? Ecological Monographs, **70**(4): 617-643.

Roulston, T. H e J. H. Cane. 2000. Pollen nutritional content and digestibility for animals.

Plant Systematics and Evolution, **222**(1-4): 187-209.

Schmickl, T e K. Crailsheim. 2004. Inner nest homeostasis in a changing environment with special emphasis on honey bee brood nursing and pollen supply. Apidologie, **35**: 249- 263.

Schmid-Hempel, P., A. Kacelnik e A. I. Houston. 1985. Honeybees maximize efficiency by not filling their crop. Behavioural Ecology and Sociobiology, **17**(1): 61-66.

Schmidt, J. O e S. L. Buchmann. 1985. Pollen digestion and nitrogen utilization by Apis mellifera L. (Hymenoptera: Apidae). Comparative Biochemistry and Physiology Part A: Physiology, **82**(3): 499-503.

Schmidt, J. O., S. C. Thoenes e M. D. Levin. 1987. Survival of honeybees Apis mellifera (Hymenoptera: Apidae) fed with various pollen sources. Annual Entomology, **80**: 176-183.

Seeley, T. D. 1986. Social foraging by honeybees: how colonies allocate foragers among patches of flowers. Behavioural Ecology and Sociobiology, **19**(5): 343-354.

Seeley, T. D. 1989. The Honey bee colony as a superorganism (A colónia de abelhas como um superorganismo). American Scientist, **77**(6): 546- 553.

Seeley, T. D. 2009. A sabedoria da colmeia: a fisiologia social das colónias de abelhas.

Harvard University Press.

Serra Bonvehi, J e R. Escola Jorda. 1997. Composição em nutrientes e qualidade microbiológica do pólen recolhido pelas abelhas em Espanha. Journal of Agricultural and Food Chemistry, **45**(3): 725-732.

Severson, D. W e J. E. Parry. 1981. A chronology of pollen collection by honeybees. Journal of Apicultural Research, **20**: 97-103.

Simcock, N. K., H. Gray, S. Bouchebti e G. A. Wright. 2018. A aprendizagem olfativa apetitiva e a memória na abelha dependem da identidade da recompensa do açúcar. Jornal de fisiologia de insetos, **106**: 71-77.

Simcock, N. K., H. E. Gray e G. A. Wright. 2014. Aminoácidos únicos em recompensas de sacarose modulam a alimentação e a aprendizagem associativa na abelha. Jornal de Fisiologia de Insetos, **69**: 41-48.

Simone-Finstrom, M. D e M. Spivak. 2012. Aumento da recolha de resina após um desafio parasitário: um caso de auto-medicação em abelhas melíferas? PLOS ONE, **7**(4): e34601.

Simpson, S. J e D. Raubenheimer. 2012. The Nature of Nutrition [A Natureza da Nutrição]. Princeton, NJ: Princeton University Press.

Somerville, D. C e H. I. Nicol. 2006. Crude protein and amino acid composition of honey bee-collected pollen pellets from south-east Australia and a note on laboratory disparity. Australian Journal of Experimental Agriculture, **46**(2): 141-149.

Spannhoff, A., Y. K. Kim, N. J. M. Raynal, V. Gharibyan e M. B. Su. 2011. A atividade do inibidor de histona desacetilase na geléia real pode facilitar a troca de castas nas abelhas. Relatórios EMBO, **12**(3): 238-243.

Standifer, L. N. 1967. A comparison of the protein quality of pollens for growth stimulation of the hypopharyngeal glands and longevity of honey bees, Apis mellifera L. (Hymenoptera: Apidae). Insectes Sociaux, **14**: 415-425.

Svoboda, J. A e W. R. Lusby. 1986. Sterols of phytophagous and omnivorous species of Hymenoptera. Archives of Insect Biochemistry and Physiology, **3**(1): 13-18.

Takenaka, T e Y. Takenaka. 1996. Geleia real de Apis cerana japonica e Apis mellifera.

Biociência, Biotecnologia e Bioquímica, **60**(3): 518-520.

Tiedeken, E. J., J. C. Stout, P. C. Stevenson e G. A. Wright. 2014. Os zangões não são dissuadidos por concentrações ecologicamente relevantes de toxinas do néctar. Jornal de Biologia Experimental, **217** (9): 1620-1625.

Todd, F. E e O. Bretherick. 1942. The composition of pollens. Journal of Economic Entomology, **35**(2): 312-317.

Vanderplanck, M., R. Moerman, P. Rasmont, G. Lognay e B. Wathelet. 2014. Como é que a química do pólen afecta o desenvolvimento e o comportamento alimentar das abelhas poliléticas? PLOS ONE, **9**(1): e86209.

Vasquez, A e T. C. Olofsson. 2009. As bactérias do ácido lático envolvidas na produção de pólen de abelha e pão de abelha. Journal of Apicultural Research and Bee World, **48**(3): 189- 195.

Villette, C., A. Berna, V. Compagnon e H. Schaller. 2015. Diversidade de esteróis vegetais no pólen de angiospermas. Lipids., **50**(6): 749-760.

Waller, G. D., E. W. Carpenter e O. A. Ziehl. 1972. Potassium in onion nectar and its probable effect on attractiveness of onion flowers to honey bees. Journal of the American Society for Horticultural Science, **97**(4): 535-539.

Waller, G. D. 1972. Evaluating responses of honeybees to sugar solutions using an artificial- flower feeder. Annals of the Entomological Society of America, **65**(4): 857-862.

Wang, T.H., C.H. Jian, Y.K. Hsieh, Wang, F.N e C.F. Wang. 2013. Distribuições espaciais de elementos inorgânicos em abelhas melíferas (Apis mellifera L.) e possíveis relações com hábitos alimentares e poluentes ambientais circundantes. Journal of Agricultural and Food Chemistry, **61**(20): 5009-5015.

Wang, Y., L. Ma, W. Zhang, X. Cui, H. Wang e B. Xu. 2016. Comparação da composição nutricional da geleia real e da geleia de operária das abelhas melíferas (Apis mellifera). Apidologie, **47**(1): 48-56.

Weaver, N. 1957. Experiments on dimorphism in the female honey bee. Journal of Economic Entomology, **50**(6): 761.

Weiner, C. N., A. Hilpert, M. Werner, K. E. Linsenmair e N. Bluthgen. 2010. Pollen amino acids and flower specialization in solitary bees. Apidologie, **41**(4): 476-487.

Wright, G. A., D. D. Baker, M. J. Palmer, D. Stabler e J. A. Mustard. 2013. A cafeína no néctar floral aumenta a memória de recompensa de um polinizador. Ciência, **339** (6124): 1202-1204.

Wright, G. A., J. A. Mustard, N. K. Simcock, A. A. R. Ross-Taylor e L. D. McNicholas. 2010. Vias de reforço paralelas para aversões alimentares condicionadas na abelha. Current Biology, **20**(24): 2234-2234.

Zarchin, S., A. Dag, M. Salomon, H. P. Hendriksma e S. Shafir. 2017. As abelhas dançam mais rápido para obter pólen que complementa a deficiência de ácidos graxos essenciais da colônia. Ecologia Comportamental e Sociobiologia, **71**: 1-11.

Zheng, B., Z. Wu e B. Xu. 2014. Os efeitos dos níveis de proteína na dieta sobre o crescimento populacional, desempenho e fisiologia das abelhas operárias durante o início da primavera. Journal of Insect Science, **14**(1): 191.

Zhu, K., M. Liu, Z. Fu, Z. Zhou e Y. Kong. 2017. MicroRNAs de plantas em alimentos larvais regulam o desenvolvimento de castas de abelhas. PLOS Genetics, **13**(8): e1006946.

MIX
Papier aus verantwortungsvollen Quellen
Paper from responsible sources
FSC® C105338

Printed by Books on Demand GmbH, Norderstedt / Germany